U0202846

零基础
快速入行入职

软件测试工程师

江楚 / 编著

人民邮电出版社

北 京

图书在版编目（CIP）数据

零基础快速入行入职软件测试工程师 / 江楚编著
. -- 北京 : 人民邮电出版社，2020.2（2021.2 重印）
ISBN 978-7-115-51937-5

Ⅰ．①零… Ⅱ．①江… Ⅲ．①软件－测试 Ⅳ．
①TP311.55

中国版本图书馆CIP数据核字(2019)第188250号

内 容 提 要

　　本书专为想成为软件测试工程师的零基础读者量身打造，紧紧围绕目前软件公司招聘初级软件测试工程师的基本要求开展内容设计。本书第 1 章～第 9 章介绍软件测试的基础概念和方法，第 10 章介绍 Web 自动化测试入门的基础，第 11 章介绍 HTTP 接口测试入门基础，第 12 章介绍 Linux 命令行入门基础，第 13 章介绍数据库 SQL 语句入门基础。本书附录以面向初级软件测试工程师岗位的求职简历为基础模拟面试考场，指导读者如何正确应对面试，以更好地帮助读者顺利地入行入职。

　　本书尽量避免使用晦涩的专业术语、复杂的编程语言和高深的技术框架，而是采用通俗易懂的表达方式将复杂问题简单化，多用图解的方式将抽象问题形象化，以便读者能又快又好地学懂弄通，轻松上手。本书适合想进入软件测试行业的零基础或者非计算机专业的读者学习，同时对有志于从事软件测试行业的应届毕业生亦有指导意义。

◆ 编　著　江　楚
　　责任编辑　李　莎
　　责任印制　马振武

◆ 人民邮电出版社出版发行　　北京市丰台区成寿寺路 11 号
　　邮编　100164　电子邮件　315@ptpress.com.cn
　　网址　http://www.ptpress.com.cn
　　山东华立印务有限公司印刷

◆ 开本：787×1092　1/16
　　印张：18.25
　　字数：330 千字　　　　　　　　　2020 年 2 月第 1 版
　　印数：8 001 – 10 000 册　　　　　　2021 年 2 月山东第 9 次印刷

定价：69.00 元

读者服务热线：(010)81055410　印装质量热线：(010)81055316
反盗版热线：(010)81055315
广告经营许可证：京东市监广登字 20170147 号

F 前言
oreword

几乎每一个互联网产品都需要一个软件作为其服务和沟通的平台，为了保证其产品质量，就需要软件测试人员对其进行测试。以深圳为例，中小企业几乎每天都在招聘软件测试人员。而软件测试行业每年都会有大量的非计算机专业的人员进入，其主要原因是这个行业的起薪高、上手快。新手可通过参加培训或者购买相关图书自学的方式进行学习和转行，但培训的费用过于昂贵，并非是每个人都能接受的，而市面上大多数相关图书的内容过于专业，使自学者难以在短时间内深入理解。

在我工作的十年里，我和我的团队培养出了几百名软件测试工程师，并将他们成功输送至深圳的各大软件公司，他们的平均月薪在 7 000 元以上。这个过程让我积累了大量的培训素材、教学经验以及学员应试入职的技巧。我写这本书的目的就是希望帮助零基础的读者快速进入软件测试行业。

在我培训的这么多学员中，来自计算机专业的学员只占 20%，其他大部分学员是非计算机专业的，其中甚至有 30% 的学员是文科专业的，但他们经过培训后都成功转型进入了软件测试行业。分析其原因，主要有几个方面：一是人格品质，二是心态，三是沟通，最后才是专业技能。软件被开发出来以后，用户是直接跟软件的界面和功能打交道，而不是和代码打交道，所以最后一道测试是由测试人员针对软件的界面和功能进行测试，而不是进行代码测试，这也就是非理工科专业的毕业生也可以快速转行从事软件测试工作的主要原因。

那么，软件测试工作到底难不难？到底要掌握哪些知识？对学历有要求吗？对英语有要求吗？本书将一一解答此类问题。坦诚地讲，这本书涉及的内容已帮助我曾经教过的学员全部上岗。我之所以把这本书写出来，是因为我觉得仅仅将知识和经验传授给我的学员还是不够的，我想分享给更多零基础但想进入软件测试行业的人。

由于本人水平有限，书中难免会存在不妥之处，读者如果在学习中发现了错误，可直接发邮件至 zhangtianyi@ptpress.com.cn，我们将真诚地接受并加以改进。

借此机会，我想感谢一些人。

感谢汪志新先生将我带入软件测试领域，这份工作对我今后的职业生涯产生了深远的影响。

非常感谢魏远先生，他不仅教会了我做人的态度，还帮助我提高了自由演讲的能力。

我还想提到两位小朋友，他们是我的儿子——江博舰和江博艇，想告诉他们："每次你们邀请爸爸玩游戏的时候都会失望而归，每次爸爸踏上去往深圳的火车时都会选择不辞而别，因为爸爸不想看到你们失望的眼神，不想看到你们哭泣，这些爸爸一直记得……只是爸爸还想奋斗，等你们长大能看懂爸爸写的这段文字时，希望你们能拥有独立的人格和良好的品行，希望你们能奋斗出自己的人生，因为自己奋斗出来的人生才是最甜蜜的，爸爸永远爱你们。"

江 楚

2019 年 8 月

目录

第11章 初识 HTTP 接口测试 197

第1章 初识软件测试

1.1 软件测试的职业前景和规划

不管从事哪个行业，都需要了解该行业的发展历程，并制定属于自己的职业规划。软件测试行业也不例外，从事软件测试行业的第一步就是要了解其职业前景和规划。

1.1.1 软件测试的现状与前景

由于软件测试行业起步晚，从业人员少，在过去很长的一段时间里，项目组中并没有专门的软件测试人员，而是由开发人员兼任测试工作，因而存在的问题是，对测试的投入少，测试工作介入晚，对软件质量不够重视等。

最近几年随着互联网和软件行业的蓬勃发展，各行各业的应用都离不开相应的软件作为其支撑和沟通的平台，其软件质量是不可忽视的，如果用户使用的软件产品出现了质量问题，那么很可能会造成一些不可预知的后果和重大的损失。因此，软件测试也越来越被软件企业所重视，市场对软件测试人员的需求也与日俱增。

据前程无忧的相关招聘数据统计，目前我国每年的软件测试人才需求缺口超过 30 万人。相关企业也开始加强和注重软件测试人员的选拔和培训工作，但为何有如此大的缺口呢？主要有以下 3 点原因。

第一，高校少有软件测试这个独立的专业，即使有也是近一两年的事情，所以软件公司很难招聘到专业人员。部分通过校园招聘入职的测试人员，进入公司后也要经过公司系统的专业培训后才能上岗。

第二，通过社会招聘入职的大部分测试人员都是来自软件测试培训机构，在此之前他们是没有相关软件测试工作经验的。这些培训机构培训出来的软件测试人员构成了测试行业的中坚力量，其所占比例也是最大的。

第三，相较于起步较早的软件开发行业，软件测试是最近几年才兴起的，因此造成开发人员和测试人员的比例失调，一些企业很难实现其开发人员和测试人员比例为 1∶1 的人才结构配比，即一个开发人员就有一个测试人员与之对应。

人才的稀缺自然带来更多的机会和更好的待遇。在一线城市，初级软件测试人员的薪资大多在 6 000 元或 6 000 元以上，中高级的软件测试人员薪资更高，大多在 10 000 元以上。随着我国软件产业化进程加快，市场的需求在不断扩大，软件测试将成为更具挑战性和创造性的职业。

1.1.2　软件测试人员的职业规划

软件测试人员的职业前景不仅仅体现在薪资上，更体现在其职业生涯中。入职不久的初级软件测试人员可以先掌握好测试的基础知识，随着工作经验的积累，以后可以从事自动化测试、性能测试或者软件测试的管理岗位等。接下来主要介绍软件测试人员的 4 条职业规划路线。

第一，技术型路线。从软件功能测试工程师开始，积累了一两年的工作经验后可以根据自己的兴趣分别向自动化测试工程师、性能测试工程师、安全测试工程师等专项技术方向发展，这是目前大部分软件测试工程师的发展方向。

第二，管理型路线。如果你对团队管理的工作比较感兴趣，可以考虑向测试主管、测试经理、测试总监的方向发展。这里需要注意的是，作为一名团队的管理者，在测试技术的某一方面必须是比较精通的，只有管理经验而没有技术经验是管理不好团队的。正常情况下，工作两三年后，大部分的软件测试人员都可以做到测试主管或者测试经理的职位，如果想要做到测试总监的职位，可能稍难一点儿，因为其对人的综合考量和技术要求更为全面。

第三，产品和市场路线。由于软件测试人员长期测试产品，所以软件测试人员对产品的各项功能、用户体验、产品性能等方面是非常了解的，此时可以考虑转向产品策划和需求制定的相关工作（即产品策划类工作），同时也可考虑转到市场培训、技术支持、售后服务等相关工作中。

第四，开发路线。也有少部分的软件测试人员以软件测试起步，积累了一定的编程能力后再转到软件开发的队伍中。

当然，软件测试人员的发展并不局限于以上 4 类，其职业发展的空间非常大，呈多元化趋势。但无论走哪条路线，软件测试人员都应该做好职业规划，原因有 3 点：①职业生涯规划可以发掘自我潜能，增强个人实力；②职业生涯规划可以增强发展的目的性与计划性，提升成功的概率；③职业生涯规划可以提升应对竞争的能力，从而也会大大增加个人所得的收入。

对于初学者而言，应根据自己的兴趣与爱好做好未来三到五年的职业规划，并逐步实施，以便为未来一生的职业发展打下坚实的基础。

1.2 初级软件测试人员学习路线图

初级软件测试人员在学习软件测试知识点的时候，要学习两大部分的知识点，一部分是软件测试领域的专业知识点，另一部分是软件测试领域的非专业知识点。

1.2.1 初级软件测试人员的专业知识点

就当前的市场需求来讲，初级软件测试人员的专业知识点分三大方面：一是软件功能测试技术，二是 Web 自动化测试的初级应用能力，三是接口测试的初级应用能力。下面就这 3 点进行简要说明。

第一，软件功能测试技术。软件功能测试技术通常来说就是手工测试技术，手工测试听起来似乎有些"老套"，但它是最基础的，也是不可替代的测试之一。软件功能测试技术主要包括软件需求规格说明书的评审、测试计划、测试用例设计技术、环境搭建、测试执行（缺陷提交、回归测试）、测试报告等；软件功能测试主要体现在两个方面，一个是用例设计，另一个是缺陷提交。本书的前 9 章将主要讲解软件功能测试技术。

第二，Web 自动化测试的初级应用能力。目前，Web 自动化测试是软件测试行业中最高端的测试技术之一，也是未来测试领域的发展趋势。所以对于初级软件测试人员而言，对 Web 自动化测试技术应有一个初步的认识和应用。本书的第 10 章将会以 Selenium 自动化工具为例讲解 Web 自动化测试技术的初步应用。

第三，接口测试的初级应用能力。越来越多的企业意识到接口测试的重要性，进行接口测试意味着软件测试人员从单纯的界面测试转向底层测试，这一过程意义重大，它在一定程度上降低了开发成本，缩短了软件开发周期，所以对初级软件测试人员而言，很有必要了解一下接口测试的基本过程。

以上 3 点的专业知识，初级软件测试人员都应当认真掌握，当然，软件测试领域的专业知识并非只局限于以上 3 点，还有其他的方方面面，但对于初级软件测试人员来说，暂不求多，但求精。

1.2.2 初级软件测试人员的"非专业"知识点

初级软件测试人员"非专业"知识点也有两大方面：一是操作系统方面的知识，二是数据库方面的知识。为什么要学习这两方面的知识呢？原因很简单：大多数软件都离不开操作系统和数据库。下面针对这两个方面进行说明。

第一，Linux 操作系统。越来越多的软件应用开始基于 Linux 操作系统运行。对初级软件测试人员而言，应当熟悉 Linux 操作系统中的常用命令行，本书的第 12 章将以 Linux 操作系统为例讲解常用的 Linux 命令行。

第二，Oracle 数据库方面。现在的软件应用系统几乎离不开数据库，常用的数据库有 MySQL、SQL Server、Oracle 等，初级软件测试人员应当掌握数据库的基本 SQL 语法（操作数据库的语言），本书的第 13 章将以 Oracle 数据库为例讲解 SQL 语句的基本使用方法。

当然，软件测试领域的"非专业"知识点并非只局限于以上两个方面，对于初学者而言建议先从这两个重要的常用知识点开始学习。

1.3 初级软件测试人员的核心素质

初级软件测试人员在面试的过程中，面试官通常会关注面试者的两大核心素质——人格品质和沟通能力。

1.3.1 人格品质

几乎所有的软件公司在招聘测试人员时都把会人格品质放在第一位。

第一，为人诚实。要正确地认识自己，在面试或者工作的过程中，应如实表达自己的情况，比如学历和工作经验等，不应隐瞒和欺骗。端正工作态度，工作上不明白的地方应多向其他同事请教，听从领导的安排，把本职工作做好、做细。

第二，为人自信。如果对自己都没有信心又如何让别人对你建立信心呢？大多数第一次面试的应聘者，将近一半是自信心不足的，他们的表现往往是不敢说、怕说错、不敢问、怕问错、说话卡顿、犹豫、越到后面声音越小、眼睛不知道往哪看、手不知道往哪里放等，还有本来一段话的内容，结果一句话就说完了；本来一句话的内容，结果断断继续说了几分钟，说完之后也不知道自己到底说了些什么等。

之所以没有信心是因为应聘者对即将要进行的事情不熟悉。面试的时候，说一句话的比不说话的要强；能说出一段话的比只说一两句话的要强；你越是不敢说，怕说错，越是没有机会。反之，要大胆地说出你的观点，终归是要回答的，为什么不大大方方地说出来呢？即便是错的，通过面试交流，也能够了解到错在哪里，你才能从中汲取教训，一次面试不行，可以面试两次。当然在面试之前还是要做充分的准备。

解决自信心不足的办法其实很简单，对于面试中会被问到的问题包括专业问题，可以提前准备好，多练习几次，并且把答案读出来，千万不要默读。读出来的原因是让你不断地强化巩固，等到觉得自己熟悉了便可以找朋友模拟面试。最后真正面试的时候就可以熟练应对了，先不管面试能否成功，至少让面试官看到了你对这份工作的渴望和自信，这也是一个加分项。

1.3.2 沟通能力

沟通能力是软件测试人员综合素质的重要体现，在开发和测试软件的过程中，测试人员需要对遇到的各种问题同开发人员或产品人员进行持续有效的沟通，然后再去解决问题。在面试过程中，沟通能力是面试成功的关键因素之一，面试官尤其看重这一点。在我的职业生涯里，就见到很多因沟通能力欠缺而被淘汰的测试人员，所以在这里分享几点心得。

第一，轻松自信的交谈。在工作当中要学会聆听，不要表现出冷淡或不耐烦；站在对方立场上考虑问题，不随意插话或打断别人的谈话，不随意争抢话语权；当回答面试官提出的问题时，要自信地表达自己的观点，大胆地说出自己的看法，注意保持言行一致，坚定自己的信念，要让对方看到你的思维方式和进取的行为。

第二，沟通的细节。沟通的细节包括声调、语气、节奏、面部表情、身体姿势和轻微动作等。建议面试时要抬头挺胸、身体自然放松、声音洪亮，对人多微笑，给人感觉要有精神。

第三，建议少用"你必须、你一定要、你应该、只有你、我才会、本来就是你"等开头词。多用"我希望、如果你、我会非常高兴、你看是不是可以、不知道这个想法是否合理"等礼貌语。

无论是面试，还是工作当中，沟通无处不在，良好的沟通能力将会使你的工作更加顺畅，人际关系更为和谐。

1.4 软件测试对学历的要求

在软件测试行业，另一个引起更多关注的话题是学历问题，就我目前接触到的软件开发和软件测试从业人员，接近有 30% 是没有大专或以上学历的。记得在 2010 年之前，IT 行业对学历要求还不是很高，基本上只要掌握了相应的技术就可以应聘到相应的岗位；2010 年之后，随着经济的发展，各行各业对学历的要求也越来越高，软件行业自然也不例外。2018 年初，通过与一些大型软件企业，如软通动力、中软国际、文思海辉、华为外包、腾讯外包、移动外包的沟通了解到，他们对软件测试人员的要求是拥有大专或大专以上的学历。

虽然技术能力很重要，招聘方也青睐动手能力强的，但学历也不得不引起重视。在同等条件下，学历高或技术占优的应聘者更容易胜出。

1.5 软件测试对英语的要求

在大多数的软件测试工程师招聘中，对英语并没有特别的要求，也就是说软件测试人员的英语水平并不会影响其对软件进行测试工作。但英语好的软件测试人员有以下优势。

第一，可以进入外企，也可以进入对英语有要求的国际项目组。

第二，可以提高自身的测试技术。现在大部分测试工具和文献是英文版本的，英文阅读能力强的人自然可以更容易掌握最前沿的测试技术。

第三，更容易与开发人员沟通。测试人员测试软件的过程中难免会遇到英文单词和英文提示，如果能够理解这些英文提示，与开发人员沟通起来则会更方便。

第2章　软件测试入门

为什么会有软件测试这个职位？为什么产品生产出来还需要测试？如何进行产品测试？本章将通过实体产品测试引出软件测试的重要性以及软件测试的基本方法。

2.1　实体产品测试实例

本小节将以矿泉水瓶和白板笔两款实体产品作为测试对象，举例说明这些实体产品是基于哪些方面进行测试的，是如何进行测试的。

2.1.1　如何测试矿泉水瓶

一个刚生产出来的矿泉水瓶（图 2-1）要不要进行测试（检验）？答案是肯定的，当然要进行测试。只有通过测试，才能批量生产。如果产品生产出来后不进行测试，直接交给用户使用，在用户使用时出现了问题，那势必会给用户和企业带来不良的影响，甚至是严重的后果。那么测试人员该如何针对矿泉水瓶进行测试呢？

一个从未接触过软件测试的职场新人很可能会对矿泉水瓶的测试点总结如下。

（1）矿泉水瓶的长度、宽度、高度和容积。

（2）瓶盖拧紧是否需要很大的力度。

（3）瓶盖内螺纹圈数、螺纹深度与样品是否一致。

（4）瓶盖外的摩擦阻力是否良好。

（5）瓶盖上的商标是否与样品要求一致。

（6）是否有生产日期，是否过期。

■ 图 2-1　待测试的矿泉水瓶

（7）包装是否精美，是否符合要求。

（8）包装是否环保。

（9）包装说明书是否字迹清楚，是否有错别字，是否有表达上的歧义。

（10）各种标识，如容积、环保性、条码、公司地址等，是否清楚、正确和规范。

（11）包装上的条码能否扫描。

（12）瓶子是否容易倾斜。

（13）瓶身是否光滑。

（14）瓶身的雕纹走向是否自然、流畅、美观，并符合要求。

（15）空瓶内是否有气味。

（16）装满开水时瓶身的变化，瓶内气味及水的味道。

（17）装满冷水时瓶身的变化，瓶内气味及水的味道。

（18）冷热参半时瓶身的变化，瓶内气味及水的味道。

（19）瓶子的材料是否环保，是否有环保标识。

（20）瓶子承受的最大压力。

（21）瓶子是否易燃。

（22）观察瓶口是否容易漏水。

（23）瓶口是否光滑舒适。

（24）装食用油后瓶身变化及瓶内气味。

（25）装汽油后瓶身变化及瓶内气味。

（26）水油混合后瓶身变化及瓶内气味。

（27）装醋后瓶身变化及瓶内气味。

（28）商标是否显眼，易于识别。

很容易就可以写出 28 个测试点，为什么能写出这么多的测试点呢？原因很简单，因为大家经常喝矿泉水，所以对矿泉水瓶的使用非常熟悉，能写出一些测试点来也不足为奇，测试有时候就是这么简单。但是对于其中一些测试点，例如"观察瓶口是否容易漏水"，这个测试点写清楚了吗？显然是没有写清楚，因为只是写出了测试的地方是瓶口，随后提出了一个问题——瓶口是否容易漏水。但是测试工作并不是提出问题，而是要用具体的方法去测试瓶口是否容易漏水。也就是说除了要写清楚测试对象外，还要写清楚如何去测试它。那么这个测试点可以这样写：用瓶子装满水之后，扭紧瓶盖，然后使劲摇晃和挤压，观察瓶口是否有水渗出。这样一来测试对象和方法都写出来了，测试点才会更加清晰。

按照同样的思路，可以重新修改整理一下测试点，并加入测试的方法，具体如下。

（1）瓶身上广告和图案的背景颜色是否符合公司的设计要求。

（2）瓶身上所有的字体颜色是否符合公司的设计要求，是否有错别字。

（3）带广告的图案遇水后是否会掉色或变模糊，广告内容与图案是否合法。

（4）瓶身上是否有防止烫伤、垃圾回收、年龄限制等提示。

（5）瓶身上图标布局是否合理，其间距、大小是否符合公司的设计要求。

（6）瓶子底座尺寸、高度尺寸是否符合公司的设计要求。

（7）瓶子的口径尺寸是否符合公司最初的设计要求。

（8）瓶身上的纹路及线条是否符合公司的设计要求。

（9）在装少量的水、装半瓶水、装满水这几种情况下，分别将水倒入准备好的量筒中，查看量筒的读数，检查矿泉水瓶的容量是否符合设计要求、装满多少水后会漏水。

（10）将空瓶和装满水的瓶子放在电子秤上，检查瓶子装满水前后的重量，看是否符合公司的设计要求。

（11）将瓶子装满水后拧紧瓶盖，将其倒置或使劲摇晃、挤压，看是否漏水。

（12）拧紧瓶盖后，请小孩、成年男性、成年女性分别去拧瓶盖看是否都能拧开。

（13）将瓶子装满水后倒入口中看能不能喝到水，是否存在漏水的现象。

（14）用手挤压空瓶子，挤扁后观察瓶身能否自动复原。

（15）分别在装水或不装水的情况下观察瓶身的透明度，看是否清澈透底。

（16）将空瓶、装半瓶水的瓶子、装满水的瓶子分别放在水平桌上及放在有20°和30°倾斜角度的桌面上，看瓶子是否倾斜或不稳。

（17）将装满水的瓶子和装半瓶水的瓶子分别放置于−10℃、−20℃、10℃、30℃、50℃、80℃、100℃的环境中，连续放1天、10天、20天、30天，然后观察瓶子是否漏水，瓶身是否破裂。

（18）将空瓶、装半瓶水的瓶子、装满水的瓶子分别置于太阳光下曝晒（0.5h、1h、3h、5h），观察瓶子是否漏水，瓶身是否破裂。

（19）将空瓶、装半瓶水的瓶子、装满水的瓶子分别从不同高度（1m、3m、8m、15m）摔下来，观察瓶身是否摔破，是否漏水。

（20）成年人分别使劲摔（或者是各种角度按压）空瓶、装半瓶水的瓶子、装满水的瓶子，摔一次和摔多次，看瓶子是否摔坏（漏水和破裂）。

（21）将空瓶、装半瓶水的瓶子、装满水的瓶子分别置于水平桌面上，用电风扇吹桌面上的瓶子，调节电风扇的风力大小，观察瓶子是否会被吹倒或吹走。

（22）满瓶的水加包装后，六面震动，检查产品是否能应对铁路/公路/航空等运输环境。

（23）将空瓶子燃烧掉，观察燃烧时的火焰，闻燃烧时的气味，查看燃烧的残留物是否符合材质的燃烧特性，是否产生有害的毒气。

（24）空瓶长时间放置（一个月、三个月、半年），用仪器检测是否会产生塑化剂或细菌。

（25）装满水后（其次可装入不同的液体，如果汁、碳酸饮料）分别放置1天、5天、10天后，检测瓶身与液体间是否发生化学反应，是否产生有毒物质或细菌。

（26）装入热水（50℃~100℃），分别放置1min、5min、10min，然后观察瓶子是否变形，是否有异味产生。

（27）用手去抚摸瓶身的内壁和外壁，是否感觉光滑舒适不刺手。

（28）试着喝口水，并将瓶口在嘴中转动，感受瓶口的舒适度和圆滑度。

（29）用手轻拿已装满水的瓶子看是否容易掉落，检查瓶身是否有防滑措施。

（30）瓶子分别装入30℃、60℃、80℃的水时用手掌感受瓶身的温度，因为感受不到的话更容易烫嘴。

（31）分别将瓶子放入手中、口袋、包中、车上，观察是否易于携带。

（32）瓶中分别装入碳酸饮料（如可乐）、果汁、咖啡、茶水、油类（如菜油）等液体，放置0.5h后再倒入口中测试是否变味。

（33）瓶中是否可以装入固体（例如饼干、沙子，石头等），且瓶子与装入的固体是否会发生化学反应。

这次写出了33个测试点，比之前写的测试点详细了很多。但是在写测试点的时候，并没有预先梳理测试点，而是想到一条写一条，导致测试点的编写缺乏条理性，而且也不知道写得是否全面。那么对于一个矿泉水瓶的测试到底要基于哪些方面呢？

可以把这33个测试点划分成6个方面，具体如下。

第一，瓶子的外观界面测试。

瓶子的外观界面测试主要是测试瓶子的大小、瓶身所体现的各种信息（如字体、颜色）等瓶子的外观特征是否满足公司最初对瓶子的设计要求，那么示例中编号为（1）、（2）、（3）、（4）、（5）、（6）、（7）、（8）的测试点就可以归到瓶子的外观界面测试当中。

第二，瓶子的功能测试。

瓶子的功能测试主要是测试瓶子的装水功能、喝水功能以及瓶子自带的一些功能特点。围绕这些特点，示例中编号为（9）、（10）、（11）、（12）、（13）、（14）、（15）的测试点都可以归到瓶子的功能测试当中。

第三，瓶子的性能测试。

瓶子的性能测试主要是测试瓶子的抗摔、抗压、抗高低温的这些情况。围绕这些特点，示例中编号为（16）、（17）、（18）、（19）、（20）、（21）、（22）的测试点都可以归到瓶子的性能测试当中。

第四，瓶子的安全性测试。

瓶子的安全性测试主要是测试瓶子在使用过程中瓶子本身是否会对人体或环境造成一些伤害，是否存在潜在的安全问题。围绕这些特点，示例中编号为（23）、（24）、（25）、（26）的测试点都可以归到瓶子的安全性测试当中。

第五，瓶子的易用性测试。

瓶子的易用性测试主要是测试瓶子用起来是否方便，例如拿在手上或装在包里是否方便等，如果瓶子设计得太复杂估计就没有多少人用了。围绕这些特点，示例中编号为（27）、（28）、（29）、（30）、（31）的测试点都可以归到瓶子的安全性测试当中。

第六，瓶子的兼容性测试。

瓶子的兼容性测试主要是测试瓶子除了可以装水之外，是否还可以装一些其他的东西，例如其他液体或固体等。围绕这些特点，示例中编号为（32）、（33）的测试点都可以归到瓶子的安全性测试当中。

将测试点进行这样的简要划分后，编写测试点时就会更加清晰、有条理了。当然不一定非要这样划分，本书只是想告诉读者对一个产品做通用测试的时候，最初是可以基于产品的外观界面、功能、性能、安全性、易用性、兼容性这 6 个方面进行测试的，而事实上这 6 个方面也是必须要测试的。

2.1.2 如何测试白板笔

如果有一支白板笔，并要求对这支白板笔进行测试，如图 2-2 所示，如何测试呢？

其实完全可以参考上一个例子的测试方法，也就是从白板笔的外观界面测试、功能测试、性能测试、安全性测试、易用性测试和兼容性测试 6 个方面入手。下面简要分析一下为什么要测试这 6 个方面。

▓ 图 2-2　待测试的白板笔

　　第一，为什么要测试白板笔的外观界面？很简单，这支白板笔一旦生产出来后，需要检查这支白板笔上所有的字体颜色、格式及字符的大小、间距是否符合公司最初的设计要求，需要检查白板笔表面的颜色深浅，白板笔的长度、直径、外观上的形态等是否符合公司最初的设计要求。如果不检查这些的话，谁也不能保证白板笔的外观界面不会出错。例如白板笔商标上的一个汉字写错了，但是测试人员并没有检测到，那么产品上市后还有人愿意买吗？用户往往会认为有错别字的产品是不可靠的。所以外观界面是一定要测试的。

　　第二，为什么要测试白板笔的功能？白板笔的功能主要是用来写字。同样的道理，谁也不能保证白板笔在初次生产出来就一定能正常书写，而且书写的字迹是否清晰、线条是否饱满、字体的颜色是否均衡等问题都需要测试。所以白板笔的功能毫无疑问也是一定要测试的。

　　第三，为什么要测试白板笔的性能？通过前面两条分析，应该也能很快理解白板笔的性能主要表现在高低温的情况下或风干的情况下是否还能正常书写，需要测试在这些极端情况下，白板笔能连续书写多久。如果不测试，谁又能保证不出问题呢？

　　第四，为什么要测试白板笔的安全性？白板笔笔芯中的墨水和白板笔本身的制作材料是否含有挥发性的有害物质，白板笔的笔尖是否太过尖锐以致对白板或是人体造成伤害等，这些都需要进行测试，以保证白板笔在使用过程中的安全性。

　　第五，为什么要测试白板笔的易用性？白板笔的笔筒是否易打开，白板笔是否易于书写、是否易于存放和携带……这些影响用户体验的问题，也是测试人员必须要通过测试解决的。

　　第六，为什么要测试白板笔的兼容性？白板笔除了可以在白板上书写之外，是否能在纸上或玻璃板上书写，这就要对白板笔的兼容性进行测试。

综上所述，测试人员有必要对白板笔开展这 6 个方面的测试。

2.1.3 产品测试的基本要素

之所以选择矿泉水瓶和白板笔作为示例，是因为人们经常使用并熟悉这些产品。结合以上两个产品的测试，可以得出结论，即对一个实体产品做测试时，可以基于以下 6 个方面进行。

（1）产品的外观界面测试：测试产品的外观界面是否美观，是否符合设计规范。

（2）产品的功能测试：测试产品的各项功能是否能正常使用。

（3）产品的性能测试：测试产品在特定环境下是否能保持它的稳定性。

（4）产品的安全性测试：测试产品自身或在使用过程中是否会产生安全性的问题。

（5）产品的易用性测试：测试产品使用起来是否复杂，用户体验是否良好。

（6）产品的兼容性测试：测试产品使用过程中是否可以兼容其他产品。

现代社会对产品质量的要求越来越高，产品无论在任何一方面存在问题都可能影响其质量和用户体验，因而从上述 6 个方面做好测试是非常重要的。

2.2 什么叫软件

矿泉水瓶和白板笔都是实体类的产品而不是软件，如果将来要从事的是软件测试行业而不是这些实体产品的测试工作，那就先要搞清楚什么是软件。

通俗来讲，计算机操作系统上安装的所有应用程序都可以称为软件。例如，QQ、微信、Office 软件、暴风影音、360 卫士、邮箱等都可称为软件。计算机操作系统本身也是一个大软件，例如 Windows XP、Windows 10 等都是软件；手机的操作系统，如 Android、iOS 也都是软件。

例如，Windows 10 操作系统的开始界面所展示的应用程序都是软件，如图 2-3 所示。手机中安装的 App 也都是软件，如图 2-4 所示。

一般而言，只要有软件研发的地方就需要软件测试人员。

■ 图 2-3　Windows 10 操作系统的开始界面　　　　　■ 图 2-4　某手机界面

2.3　软件测试实例

前面已经介绍了矿泉水瓶和白板笔等实体产品的测试，那么软件测试的要素是否与它们一致呢？接下来本书就以 QQ 邮箱为例，选取邮箱登录和写信这两大常用功能模块讲述软件测试的基本要素。

2.3.1　邮箱之登录测试

图 2-5 展示的是 QQ 邮箱登录模块（简化版）的页面。

■ 图 2-5　QQ 邮箱登录界面

那么 QQ 邮箱登录模块应当如何测试呢？首先还是参考矿泉水瓶和白板笔例子进行分析。

第一，是否需要对邮箱登录模块的页面做外观界面测试呢？邮箱登录模块的页面外观主要包括了背景颜色、字体颜色、字体格式、页面图案、动画、窗体布局等元素。这些元素组成了登录页面，同时也给了用户第一视觉体验，如果当中的任何一个元素出了问题，例如字体的风格不一致、颜色搭配错了、窗体布局不合理、文字有拼写错误等，可以想象这会给用户带来什么样的影响，所以邮箱登录模块页面的外观界面是必须要测试的。

第二，是否需要对邮箱登录页面做功能测试呢？邮箱登录模块的一个重要功能就是登录操作。邮箱的登录功能主要是保证当用户输入正确的用户名和正确的密码时才能登录到邮箱系统中，而当输入错误的用户名或密码时则禁止用户登录。可能有很多读者会认为，在登录邮箱的过程中，只要输入了正确的用户名和密码肯定能登录成功，输入了错误的用户名或密码肯定就登录失败。可是各位要知道，在软件产品刚刚被开发完成时，当输入了正确的用户名和正确的密码时，不一定能登录成功；同样，当输入了错误的用户名或错误的密码时，也未必就一定会登录失败。所以邮箱登录模块的功能是必须要测试的。

第三，是否需要对邮箱登录页面做性能测试呢？邮箱登录模块的性能测试主要测试什么？在平常的邮箱使用过程中也许遇到过这些情形：有时候打开某个网页要等待 5s ～ 10s，甚至更长的时间，网页才能把内容全部显示出来；有时候无论等待多久，网页也打不开；有时候不到 2s，网页的内容就全部显示出来了。这等待时间就称为系统响应时间（或称用户等待时间），系统响应时间是性能测试中的一个重要指标。同等条件下，系统响应时间越长，说明该网站性能越差；系统响应时间越短，则表明该网站性能越好。邮箱登录模块同样存在性能测试，例如当输入完邮箱的用户名和密码并单击登录按钮后，用户要等待多长时间才能成功登录到邮箱？正常情况下，用户只需要等待 1s ～ 2s 就可以成功登录邮箱系统，但如果每次登录都需要等待十几秒甚至更长的时间，那这款邮箱产品的性能就需要改进了。所以邮箱登录模块的性能也是必须要测试的。

第四，是否需要对邮箱登录页面做安全性测试呢？有时在一台公用的电脑上登录过 QQ 邮箱后，虽然进行了退出操作，但你会发现你的邮箱名或 QQ 号还是留在了那台计算机上。那么黑客就可以利用这些已知的信息入侵你的系统，导致你的 QQ 号或邮箱被别人登录。所以在邮箱产品上线之前，登录模块的安全性测试也是必须要做的。

第五，是否需要对邮箱登录模块的页面做兼容性测试呢？当你使用某浏览器打开一个网页的时候，有时会发现其排版异常或是页面出现乱码，但换成另一款浏览器打开同样的网页时又显示正常了，这就是网页代码跟某些浏览器不兼容所造成的。邮箱登录模块需要在不同的浏览器上运行，因此需要测试该页面与各类型浏览器是否兼容。

第六，是否需要对邮箱登录页面做易用性测试呢？初学者也可以将易用性测试理解为用户体验测试，主要就是测试用户在使用邮箱登录模块的过程中是否顺畅，是否容易操作。可以把自己当作是一个用户，然后把自己感觉费解或是难以操作的地方找出来，让开发人员和设计人员修改。软件易用性好，用户体验才会好，所以邮箱登录模块的易用性也是必须要测试的。

从以上的分析不难看出，邮箱登录模块的测试同样也可以基于软件的外观界面、功能、性能、安全性、兼容性、易用性 6 个方面进行。

2.3.2　邮箱之发信测试

以下展示的是 QQ 邮箱的发信页面（简化版），如图 2-6 所示。

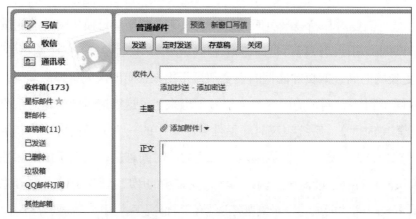

■ 图 2-6　QQ 邮箱发信界面

接下来对 QQ 邮箱写信模块的测试也进行简要的分析。

第一，写信页面的字体格式、颜色格调、输入框大小的一致性以及界面布局排版等，都属于外观界面，这也是给用户的第一视觉体验，所以外观界面不能出错，是必须要测试的。

第二，写信页面比较重要的功能就是写信和发送邮件这两大功能。这些功能主要表现在用户能否正常写邮件，写好的邮件能否保存为草稿、能否发送或定时发送，收件人能否正常收到邮件。如果写完邮件后不能发送，或者发出去的邮件对方收不到，那写信功能也就失去了它的意义。

第三，写信页面性能是否要测试。前文已提到过，初学者可以将邮箱的性能理解为系统响应时间。比如从单击写信按钮到写信页面完全显示出来，需要用户等待多长时间；又比如你发送了一封邮件给你的朋友，你的朋友多久能收到你的邮件，这些都是性能问题。如果你发完一封邮件后你的朋友要等三天才能收到，那估计也没有人会用这个邮箱了。

第四，写信页面的安全性测试。有些人的收件箱里可能收到过一些病毒附件，如果你单击或下载了它，很可能会导致你的计算机中毒。这是因为有些恶意用户故意上传一些病毒附件发送给你，如果你的邮箱不能对这些附件进行安全性检测的话，就会存在很大的安全隐患。

第五，写信页面的兼容性测试。这就是要测试一下写信页面在不同浏览器下能否正常显示。能正常显示则说明它是兼容的，不能正常显示则表明邮箱的显示页面在该浏览器下存在兼容性问题。

第六，写信页面的易用性测试。写信页面的易用性是指整个写信流程是否易于操作，其各项功能是否易于理解，各项提示是否清楚明了等。如果存在某个功能很难使用，一般人无法理解，那写信页面的易用性就大打折扣了。

有关写信页面具体的测试细节在这里就不进行过多分析了，但很容易看出来，写信页面的测试也可以基于外观界面、功能、性能、安全性、兼容性、易用性 6 个方面进行。

2.3.3　软件测试的基本要素

综上所述，目前可以得出结论：对一名初级软件测试人员来讲，当你对软件进行全面测试的时候，可以基于软件的外观界面、功能、性能、安全性、兼容性、易用性 6 个方面开展。

有人会问，对软件产品的测试一定是基于这 6 个方面的吗？答案是否定的。作为一名初级软件测试工程师，如果一开始就把测试范围定得太大、太广，会不利于学习和掌握。因而现阶段能把这 6 个方面做好就已经很不错了，做好这 6 个方面就是在修炼软件测试的基本功，其他方面可待有了一定的工作经验后，再具体细化扩展。只有练好了基本功，以后才有可能去应对更为复杂的测试工作。

2.4　本章小结

2.4.1　学习提醒

本章的例子只是做了一个大致分析，并没有设置相关的前提和复杂的条件。目的是希望把大家引入到最后的结论中来，即让大家明白测试软件产品主要是基于哪几个方面进行的，所以对于本章的内容大家不必过于在意测试过程的细节。

2.4.2　求职指导

一｜本章面试的常见问题

面试官在面试时一般是根据简历来提问的，图 2-7 所示为一位应聘者简历的部分内容。

某某信息科技有限公司　测试工程师 2018/05—2019/07

软件名称：某某邮箱

开发单位：某某公司研发部

项目描述：某某邮箱是某某公司推出的免费电子邮箱，经过十年的发展，全面优化邮箱内核，彻底解决一般邮箱登录缓慢、收发邮件延迟、附件打开下载困难的问题，速度较上版大幅提升，用户体验更佳。

测试人数：测试人员 10 人，测试经理 1 人。

■ 图 2-7　某简历中的部分内容

针对此简历中的项目，面试官可能会问以下问题。

问题 1： 你对某某邮箱是怎么测试的？

分析： 这个问题包含的内容比较广，因为一个软件的测试包括很多方面，那么大家就可以结合本章内容进行回答。

参考回答： 对这个邮箱软件的测试主要是基于 6 个方面，它们分别是软件的外观界面、功能、性能、安全性、兼容性、易用性……

说明： 本书接下来将对这 6 个方面的测试细节进行详细讲解，尽量完整全面地介绍每一个方面。当然，由于大家才刚刚入门，现在不必在意这 6 个方面到底是如何进行测试的，待大家学习完后面的内容就知道如何具体展开了。

二 | 面试技巧

在面试的过程中，任何问题的回答都不要只有一句话。一个问题的中心思想可能只有一句话，但是中心思想说完后，应当尽可能详细地进行一些补充，充分体现你的测试思路和细节，以及你的处理方式。面试官更喜欢这类回答。这一点很重要，也是大家能否通过面试的一个重要因素。

第3章　测试工作从评审需求开始

在第 2 章的内容中，主要介绍了如何从 6 个方面开展软件测试。但是大家应该清楚，软件只有在被开发出来之后，软件测试人员才能对之进行相应的测试，而一个项目组的开发人员会无缘无故地开发一款软件产品来让软件测试人员测试吗？当然不会，一定是用户有这方面的需求，然后项目组的开发人员才会依据用户的需求去开发相应的软件产品，之后才会让软件测试人员对此产品进行全面测试。那么此过程是怎么运作的呢？在了解了软件项目组的基本构成和用户的需求之后，这个问题就会迎刃而解。

3.1　项目成员

先了解一下软件项目组中所涉及的一些重要角色和关键词，它们分别是项目、项目经理、需求、用户、开发人员、测试人员和产品人员。

在这里简要说明一下它们的意义。

项目：这里的项目代表软件研发项目，包括了从前期项目预研、立项、组建项目团队、设计开发软件、测试调试、交付验收，以及软件运营等各项具体的工作。

项目经理：项目经理是这个软件项目的总负责人。项目经理既需要有广泛的计算机专业知识，又需要具有项目管理技能，能够对软件项目的成本、人员、进度、质量、风险、安全等进行准确的分析和卓有成效的管理，从而使软件项目能够按照预定的计划顺利完成。

需求：这里指的是用户需求，有了用户需求，开发人员才能开发相应的产品。它通常包括功能性需求及非功能性需求。

用户：这里指的是提出需求的用户，同时也是软件验收的主要人员。

开发人员：这里指的是该软件项目组中负责研发这个软件的技术人员，也叫程序员，他们往往通过代码来实现软件的各项功能。

测试人员：这里指的是该软件项目组中负责软件测试的测试人员。

产品人员：在项目中，产品人员大家可能会陌生一点儿，本书 3.2 节将会有说明。

可能有人会问，在上面的所有角色中，哪个角色最重要？不同的人会有不同的理解，有人认为是用户，也有人认为是开发人员或者是测试人员。在这里想告诉大家的是，在一个项目中，谁也离不开谁，它们是相辅相成的，每个角色都很重要。

3.2 项目成员与需求的关系

本书 3.1 节介绍了项目组中的成员，那么在本小节中就用一张示意图来展示项目组成员与需求之间的关系，如图 3-1 所示。

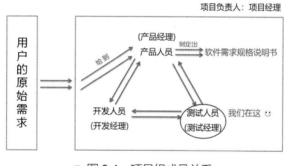

■ 图 3-1 项目组成员关系

一 | 示意图的含义

（1）有一个 A 用户，由于 A 用户的员工较多，为方便管理员工的信息，A 用户需要有一个人力资源管理软件来管理员工的档案信息，也就是说需求是来自于用户的。

（2）A 用户有了这个原始需求后，就会把这个原始需求提交给项目组的产品人员，随后项目组的产品人员依据 A 用户提供的原始需求，再制定出一份更为规范的软件需求规格说明书（以下简称"需求文档"）。（说明：用户的需求称为原始需求，用户提供的原始需求是比较简单和模糊的，毕竟用户本身不是专业的软件设计人员，他们只能提供一些原始想法，而后由专业的产品人员根据用户的原始需求设计出规范化的需求文档。产品人员在制定需求文档时不能偏离用户的原始需求，在制定需求文档的过程中还要不断地和用户进行交流确认，直至用户满意为止，可见在项目中，产品人员主要是制定需求文档的。）

（3）产品人员把制定好的需求文档分别发给开发人员和测试人员。

（4）开发人员按照需求文档进行相关的开发工作，开发出相应的软件产品。

（5）测试人员会测试开发出来的软件产品是否符合需求文档里的要求。

以上便是一个软件项目所经历的一个简要流程，而产品人员也经常被称作需求人员，下文将统一采用产品人员这一说法。

二 | 项目组中的成员关系

（1）一般情况下，一个软件项目组由开发人员、测试人员、产品人员组成。当一个项目启动的时候，公司就会从产品部抽调出熟悉此款产品的产品人员进驻这个项目组，从开发部抽出熟悉这款产品研发的开发人员加入到这个项目组，同时公司也会从测试部抽调出相关的测试人员参与到这个项目中，三方人员要对这个项目负责到底。

（2）测试人员要经常与开发人员进行沟通，因为一旦测试过程中发现了问题就要反馈给开发人员，并要推动开发人员去修复问题，既相互配合，又相互监督。

（3）测试人员也需要同产品人员打交道，对于需求文档中有不清楚或有歧义的地方，需要向产品人员确认。

（4）开发人员和测试人员通常是不需要与用户直接沟通的（除非是特殊情况下），主要是产品人员和其他销售人员与用户打交道。

（5）产品经理：领导产品人员进行需求设计、需求变更等相关工作，安排产品人员的工作。

（6）测试经理：负责测试技术、测试计划、测试总结等相关工作，安排测试人员的工作。

（7）开发经理：负责开发技术等相关工作，安排开发人员的工作。

（8）项目经理：本项目的负责人，负责整个项目中重大问题的决策、沟通、协调、进度、交付的工作，对产品人员、开发人员、测试人员三方负责。一般情况下软件的项目经理都是有开发技术背景的。

3.3 为什么要评审需求文档

当产品人员把制定好的需求文档发给开发人员和测试人员之后，开发人员是不是就可以直接进入代码的开发阶段了呢？当然不是，接下来，先看一个示意图，如图 3-2 所示。

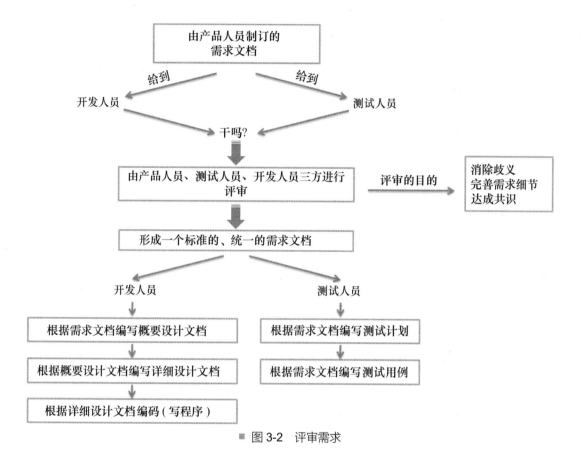

■ 图 3-2 评审需求

从图 3-2 可以看到：由产品人员制定的需求文档发给开发人员和测试人员后，并不是直接进入开发和测试的相关工作中，而是先由产品人员、测试人员、开发人员三方共同评审这个需求文档。为什么要对需求文档进行评审呢？原因如下。

（1）需求文档毕竟是一个文字描述性的文档，开发人员和测试人员在阅读它的时候可能会有不同的理解，如果开发人员把需求文档理解错了或者漏掉了某个需求细节，那么开发出来的产品一定不是产品人员想要的，那问题就严重了。

（2）如果测试人员把需求文档理解错了或是理解存在偏差的话，那么测试人员就会按照错误的标准去测试软件，结果可想而知，测试人员提的问题都是无效的，都是在做无用功。

（3）对于产品人员制定的需求文档，开发人员和测试人员不能想当然地去理解它，而是需要由产品人员召开需求文档评审大会，项目组全体成员参加。评审的方式一般是这样的：由产品人员对需求文档中的内容一一讲解，如开发人员和测试人员有不清楚的或有疑问的地方都要及时提出来，然后由产品人员解释其中的意思。当然如果大家对需求文档有新的看法和建议，都可以提出来，最终采纳与否由产品人员决定。需求文档评审的目的在于消除歧义，完善需求细节，最后达成共识。评审完后，产品人员就会重新整理需求文档，最后形成一个标准的、统一的需求文档，然后分发给开发人员和测试人员。

当开发人员和测试人员拿到已通过评审的需求文档之后，他们便进入各自的工作流程，这里再简要地描述一下他们的工作流程。

（1）开发人员会根据这个需求文档去编写概要设计文档。什么是概要设计文档呢？打个比方，你想建个房子，那你得把这个房子的整体框架先画出来，这个房子的整体框架就好比是软件的概要设计文档。概要设计文档写完后，还会根据它去编写详细设计文档。为什么又要写详细设计文档呢？继续打比方，这个房子的整体框架设计好了，接下来就要针对这些大的框架内的一些更小的框架进行详细设计，如建房子之前的详细图纸，这个详细图纸就好比软件的详细设计文档。当然这个比方不一定恰当，只是为了便于大家理解。有了这个详细设计文档，开发人员再来编写代码就容易多了。当然开发人员的这些工作暂与初级软件测试人员无关，大家了解一下就可以了。

（2）测试人员拿到已通过评审的需求文档之后会开展什么工作呢？从图 3-2 可以看到，测试人员会根据需求文档编写测试计划和测试用例。什么叫测试计划？测试计划包括什么内容？什么叫测试用例？如何设计测试用例？对于这些问题，大家暂不用担心，后面的章节将会对测试计划和测试用例这两个概念进行详细讲解。

3.4　如何评审需求文档

本书 3.3 节简要地介绍了需求文档的评审方式，那么测试人员要从哪些方面来对需求文档进行评审呢？具体如下。

（1）正确性：对照用户的原始需求，检查产品人员制定的需求文档是否偏离了用户的原始需求。

（2）明确性：检查需求文档中每一个需求项是否存在一些含糊其辞的词汇，用语是否清晰，是否有歧义。

（3）完整性：对照用户的原始需求，检查产品人员制定的需求文档是否覆盖了用户所提出的所有需求项，每个需求项有没有遗漏用户所提出的一些必要信息。

（4）限制性：每个需求项里是否清晰地描述了这个软件能做什么，不能做什么，能输入什么，不能输入什么，能输出什么，不能输出什么。

（5）优先级：需求文档中的哪些功能比较重要，哪些功能比较次要，是否做了标识和编号。

（6）一致性：检查需求文档里的内容前后是否一致，确保不冲突，不矛盾。

请注意，需求评审是测试人员非常重要的一项工作。据统计，50% 以上的软件缺陷是由于前期的需求没有评审确认好而造成的。如果开发人员和测试人员不能把需求文档理解透彻或是对需求文档的理解存在偏差，那么最终开发出来的产品一定不是用户想要的，并将会导致软件产品开发失败。

产品人员在需求文档的制定上起到了主导和决定性作用，如在开发产品和测试产品的过程中遇到了对需求文档不理解或怀疑的地方，一定要及时和产品人员确认它原本的意思，并按照产品人员给出的标准进行相应的工作。

3.5 本章小结

3.5.1 学习提醒

本章想告诉大家的是对于初级软件测试人员而言，一个软件项目的运作过程并不像大家想象得那么复杂。其实大家都是围绕着需求文档进行的，那么需求文档到底是什么呢？简单地说，需求文档就是描述软件要做成一个什么样的规格产品的说明文档，而测试人员需要参与需求文档的评审工作，并且要正确地理解需求文档所描述的意思，然后才能开始测试软件是否达到了需求文档中描述的规格要求。

3.5.2 求职指导

一 | 本章面试常见问题

问题 1：测试工作是从什么时候开始的？

参考回答：我之前做的测试工作，一般都是在拿到需求文档的时候就开始了，主要的工作就是评审需求文档，评审的目的是消除歧义，完善需求细节，最后达成共识。谢谢。

问题 2： 需求评审的目的是什么？

参考回答：我觉得需求评审的目的主要是消除歧义，完善需求细节，最后达成共识，如不进行评审，就意味着开发人员和测试人员可能对需求文档的理解存在偏差，最终可能导致产品质量不符合需求文档的要求。

问题 3： 你是如何评审需求文档的？

参考回答：我们公司之前评审需求文档的时候，主要从 6 个方面进行……（具体请参考本章 3.4 节的内容。）基本上，我们会从这 6 个方面进行需求评审，当然每个公司评审的机制可能会有一些差异，但主要目的就是把需求文档的细节理解清楚，谢谢。

二 ┃ 面试技巧

初级软件测试人员面试的时候需要注意以下 3 点。

（1）回答问题的时候一定要注意缓冲。例如在回答问题前，可以先说"嗯"或者"好"，然后停几秒钟思考后再回答。这样有利于将问题拓展开来，不要抢着去回答，因为不假思索就回答容易紧张。

（2）在回答每一个问题之前，最好加上一句开始语，如"我们之前是这么做的"，又如"我们公司的需求文档评审主要包括以下几方面的内容"等，而不要一开始就直奔主题，具体可参考本小节问题 3 的回答方式。

（3）当回答完问题之后要加一个结束语，如"我们主要是基于这几点来做的，谢谢"，又如"我们主要是基于以上几个方面进行的，谢谢"等。问题回答完毕后，别忘了说"谢谢"，这不仅代表了对面试官的尊重，同时也是在告诉面试官我的问题已回答完毕。

第4章 软件测试的基本概念

在第 3 章中，本书从认识需求开始，让大家对测试工作有了一个基础了解。在一个软件项目中，作为一名软件测试工程师，从拿到软件需求的那一刻起，软件测试工作其实就已经开始，因为需要对软件需求文档进行需求评审。评审通过后，才可以具体开展测试工作。

这一章将重点介绍软件测试的基本概念，为大家学习后面的章节奠定好基础。

软件测试涉及的领域也很宽泛，根据测试介入的不同阶段、测试依据的不同原理细分出了很多不同的测试概念。作为初级软件测试人员并不需要了解过多的测试概念，因为每个概念的背后都包含庞大的知识体系，入门阶段了解过多反而会使自己混淆概念。因而本章仅介绍与初级软件测试人员紧密相关的几个重要的测试概念，以便让大家清楚地知道自己要做哪一类型的测试。

另外，除本章提到的这些概念之外，在其他章节，本书也会提到与本章内容相关联的一些测试概念，以便大家按照正常的测试流程去理解这些概念。

4.1 软件测试的定义

一 | 软件质量的定义

不同的图书、不同的环境对软件质量有着不同的定义，其意义也不尽相同。作为一个软件测试人员，主要是按照需求文档去测试软件，而测试后的最终产品是要交付给用户使用的。所以本书给出的软件质量的定义是指软件经过开发测试完成后，软件所展现出来的各项功能特性是否满足需求文档，是否满足用户的需求。如果满足，则表明这个软件质量很好；如果不满足，则表明软件质量不好。

二 ▏软件测试的定义

软件测试是一个动态的过程，而不单单指某一项的测试工作和技术。本书对软件测试做如下定义。

软件测试是从前期需求文档的评审，到中期测试用例设计及测试执行，再到后期问题单的提交和关闭等一系列的测试过程。

三 ▏软件错误的定义

测试人员在测试软件的过程中，当发现实际运行的结果和预期的结果不一致时（这个预期的效果其实就是指需求文档里面的规格要求），就把这个不一致的地方统称为软件错误。当然，软件错误不仅仅是指与需求文档不符的地方，在测试过程中，测试人员发现有影响用户体验和使用的任何地方，都可以把它当作软件错误提出来。在工作中也把软件错误称为 Bug（Bug、错误、缺陷、问题，这四类表述是同一个意思）。

四 ▏什么叫 80/20 原则

就软件测试而言，80/20 原则指的是 80% 的 Bug 集中在 20% 的模块里面，经常出错的模块经修复后还会出错。具体分析有如下两点。

（1）80% 的 Bug 集中在 20% 的模块里面，它的意思是指，如果一个软件中发现了 100 个 Bug，那么其中 80 个 Bug 很可能都集中在该软件 20% 的模块里。为什么这么说呢？打一个比方，在开发一个软件的时候，并不是所有的模块都很复杂，例如一个软件包括 10 个模块，可能其中 2 个模块比较复杂，而剩下的 8 个模块比较简单，那么复杂模块出现问题的概率就会高一些，所以说如果这 2 个关键模块没有处理好的话，那么这 2 个模块的 Bug 数量可能会占 Bug 总量的 80%。所以在测试软件的时候，记得关注这些高危多发"地段"，在那里发现软件 Bug 的可能性会大很多。

（2）经常出错的模块经修复后还会出错，它的意思是，同一个地方如果经常出现 Bug，即便 Bug 被修复，这个模块可能还是不稳定的，还会产生新 Bug。

当然，80/20 原则的结论只是经验之谈，也就是说，80/20 原则并不是绝对的，只是带有相对的普遍性。

4.2 软件测试的分类

根据不同的分类标准，软件测试会有不同的分类。常见的两种分类方式是按测试原理分类和按测试阶段分类。

4.2.1 测试原理分类

按测试原理，软件测试可分为黑盒测试和白盒测试，初级软件测试人员很有必要了解它们的意思和区别。

一 | 黑盒测试

黑盒测试是不关注软件内部代码的结构和算法，只关注这个软件外部所展现出来的所有功能特性的测试。初级软件测试人员可以这样理解：黑盒测试只测试软件外部的功能特性，而不测试软件内部的代码结构。由于 QQ 邮箱的用户体验做得很好，本节还使用 QQ 邮箱的登录页面来举例说明。

图 4-1 是 QQ 邮箱的登录页面（简化版），那么黑盒测试要测些什么呢？答案是，黑盒测试只测试 QQ 邮箱登录页面所展示给用户的所有功能点能否正常使用（软件外部功能）。例如，当用户输入正确的用户名和密码时能否正常登录，输入错误的用户名或密码是否不能登录系统等功能点，而不会去测试登录页面的代码结构（软件内部代码）。其内部代码实现逻辑相当于封装在了一个黑盒子里面，只需要关注这个黑盒子的输入和输出是否符合需求定义，黑盒子里面具体的实现逻辑并不需要测试。

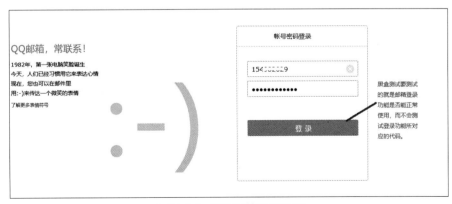

■ 图 4-1　QQ 邮箱登录界面

二 ┃ 白盒测试

白盒测试的定义刚好与黑盒测试相反，白盒测试是只关注软件内部代码的结构和算法，而不关注这个软件外部所展现出来的功能点的测试。初级软件测试人员可以这样理解：白盒测试只测试代码结构，而不测试软件的外部功能点。下面举例说明。

如图4-2所示，在QQ邮箱的登录页面的空白处单击鼠标右键，选择查看页面源代码，弹出登录页面所对应的源代码，如图4-3所示。那么白盒测试要测试什么？答案是，白盒测试只测试QQ邮箱登录页面所对应的源代码结构有没有问题（图4-3所示的代码），而不会去测试登录页面所展示给用户的各项功能点。

■ 图4-2　查看页面源代码

```
<!DOCTYPE html><!DOCTYPE html><script>
(function() {
if(isMobile()) {
location.replace("https://w.mail.qq.com");
}
function isMobile() {
return navigator.userAgent.match(/Mobile|iPhone|iPad|Android/i) || Math.min(screen.height, screen.width) <= 480;
}
})();
</script><script>
(function()
{
if(location.protocol=="http:")
{
document.cookie = "edition=; expires=-1; path=/; domain=.mail.qq.com";
location.href="https://mail.qq.com";
}
})();
</script><html lang="zh-cmn"><head><title>登录QQ邮箱</title><meta name="renderer" content="webkit" /><meta name="save"
var reportPtlogin = (function ()
{
```

白盒测试就只测试登录页面所对应的代码，而不会去测试登录功能。

■ 图4-3　源代码

4.2.2 测试阶段分类

按测试阶段，软件测试可分为 4 个阶段，分别为单元测试、集成测试、系统测试、验收测试。

一 | 单元测试

开发人员开发完一小段代码后就能实现一个小的功能模块，开发完多个小段代码后就能实现多个小的功能模块，然后再把这些小的功能模块串联在一起就组成了一个大的功能模块。接着把几个大的功能模块组合在一起就成为最终的软件系统。在这里把最初的这一小段代码称为软件系统的最小组成单元，而单元测试就是指对这小段代码进行测试。当开发人员开发完这段代码后，开发人员会测试该软件的最小单元里的代码有没有问题。只有通过单元测试才能把这些单元模块集成在一起，形成一个大的功能模块。由此看来，单元测试是测试代码的，采用的是白盒测试的方法（因为白盒测试是基于软件内部代码测试的），主要由开发人员来做。

二 | 集成测试

单元测试完成后，开发人员就会把已测试完的单元模块组合在一起并形成一个"组合体"。在集成模块的初期，由于集成到一起的单元模块比较少，此时的"组合体"如果出现问题，很多时候可能还要追溯单元模块内的代码，所以初期的集成测试主要由开发人员来执行，采用白盒测试的方法。但到集成的后期就不同了，由于集成到一起的模块越来越多，各模块之间的依赖性也越来越强，离目标系统也越来越近，软件系统核心模块也基本组装完毕，此时软件的部分功能点也已经展现出来，可对软件进行部分的功能测试，一般也是由开发人员进行，采用的是黑盒测试的方法。

三 | 系统测试

随着软件集成的规模越来越大，直至最后组装成为一个完整的软件系统，此时软件的所有功能点和特性已经就位，而这个时候就该项目组的测试人员登场了。系统测试简而言之就是测试人员对这个软件系统做全面测试。本书在第 2 章介绍过，当测试人员对一个软件进行全面测试时，主要是基于 6 个方面开展的，即软件的外观界面、功能、性能、安全性、易用性、兼容性。那么系统测试就是测试软件的外观界面、功能、性能、安全性、易用性、兼容性这6个方面是否满足需求文档里的要求。同时由于这6个方面的测试并不需要关注到软件内部的代码结构和逻辑，所以系统测试采用的也是黑盒测试的方法，并由测试人员进行。由此看来，测试人员是在系统测试这个阶段介入进来的，如图4-4所示。

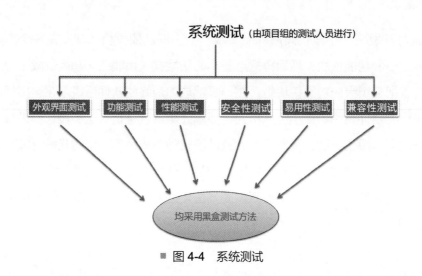

图4-4　系统测试

接下来，在这里简要描述一下这6个方面测试的基本含义。

（1）软件的外观界面测试（简称 UI 测试）：主要测试软件界面功能模块的布局是否合理，整体风格是否一致，界面文字是否正确，命名是否统一，页面是否美观，文字、颜色、图片组合是否完美等。测试难度：相对简单。

（2）软件的功能测试：主要是测试软件所呈现给用户的所有功能点是否都能正常使用和操作，是否满足需求文档里的要求。测试难度：中等。

（3）软件的性能测试：测试软件在不同环境和压力下是否能正常运转，其中有一个很重要的指标就是系统响应时间，例如多人同时访问某个网页时，网页是否能在规定的时间内打开等。测试难度：较高。

（4）软件的安全性测试：测试该软件防止非法侵入的能力。测试难度：较高。

（5）软件的易用性测试：测试软件是否容易操作，主观性比较强，站在用户的角度体验软件产品好不好用。测试难度：相对简单。

（6）软件的兼容性测试：测试该软件与其他软件的兼容能力，作为初级软件测试人员，主要考虑软件与浏览器的兼容能力，包括分辨率的兼容。测试难度：相对简单。

四 | 验收测试

验收测试是由用户进行的测试，测试的内容与系统测试的内容相似，主要测试软件系统是否满足需求文档里的要求、是否满足用户的需求。采用的方法也是黑盒测试。通常验收测试通过之后，软件才能交付投产上线，由于验收工作由用户执行，在这里不做过多阐述。

4.3 初级软件测试人员的定位

项目组中的测试人员对软件进行系统测试的时候，初级软件测试人员在系统测试中的定位以图 4-5 为例进行说明。

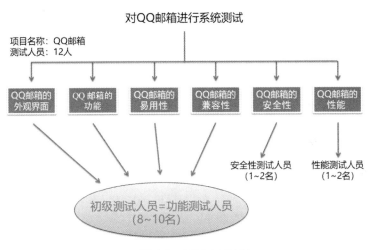

■ 图 4-5 测试人员定位

图 4-5 中的相关内容如下。

（1）软件项目的名称：QQ 邮箱。

（2）项目组的测试人员：12 名。

（3）测试人员要对 QQ 邮箱进行系统测试。

（4）QQ 邮箱的系统测试涵盖了 6 个方面，分别是 QQ 邮箱的外观界面测试、功能测试、易用性测试、兼容性测试、安全性测试、性能测试。

（5）测试组的 12 名测试人员中，每个测试人员都会有不同的分工，有的做功能测试，有的做性能测试，有的做安全测试等。

（6）初级软件测试人员主要是定位在功能测试这一块。初级软件测试人员进入项目组一般就是做功能测试的，因而初级软件测试人员等同于功能测试人员。

（7）软件的外观界面、易用性、兼容性这3个方面的测试相对简单，大多数情况下也都是由初级软件测试人员来完成测试的（当然少数的项目也设立了独立的兼容性测试人员、易用性测试人员和外观界面测试人员）。

（8）由于安全性测试和性能测试的难度相对要高一些，并且需要一定的工作年限，所以这两块的测试工作一般会由测试组中的安全性测试人员和性能测试人员分别完成。

QQ邮箱的功能模块可以细分出很多个功能，如图4-6所示。初级软件测试人员又是如何分工的呢？

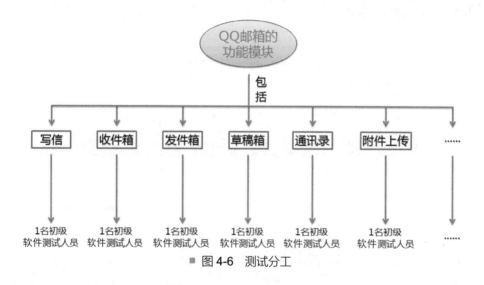

图4-6 测试分工

从图4-6可以看出，初级软件测试人员进入项目组后，最终会被安排具体负责一个或多个功能模块的测试工作。

为了让大家更清楚初级软件测试人员的定位，有以下几点需要说明。

以上的示例是虚拟出来的一个项目，其中测试人员配比在实际的项目中并不是固定的，每个项目都会根据实际情况进行相应的安排。

一个项目组中的测试人员除了初级软件测试人员外，还包括安全测试人员和性能测试人员等。实际项目中具体要包括哪些测试人员，每个项目都会根据实际的情况进行相应的安排。

初级软件测试人员就是功能测试人员，在众多的用人单位中，初级软件测试人员都被定义为功能测试人员，主要的任务就是测试软件的功能是否符合需求文档里的要求。功能测试是最基础的，也是最重要的测试之一，因为一个软件如果连功能都没有实现的话，就不用谈软件的性能和安全了。

功能测试是系统测试的一部分，系统测试采用的是黑盒测试，功能测试自然也是采用黑盒测试。如果面试时被问到：你是做黑盒测试的吗？答案是肯定的。如果被问到：你是做功能测试的吗？答案也是肯定的。如果对方问你：你是做系统测试的吗？答案也是肯定的。三者的关系要能区分清楚。当然在很多时候，人们习惯于把黑盒测试称作功能测试。

在功能测试的队伍中有从业时间较久、经验较为丰富的老员工，也有刚入职的初级软件测试人员，测试经理会根据每个人的工作能力进行相应的工作安排，复杂的功能模块会优先安排给经验丰富的功能测试人员；较简单的功能模块则会安排给刚入职不久的测试人员，并指定相应的导师。

4.4 软件测试分类关系表

表 4-1 更加直观地描述了软件测试类型之间的关系。

表 4-1 软件测试分类

测试类型	测试方法	执行者	测试依据	测试内容
单元测试	白盒测试	开发人员	详细设计文档（主要）概要设计文档	代码及代码的逻辑结构
集成测试	白盒测试为主黑盒测试为辅	开发人员	详细设计文档（主要）概要设计文档需求文档	模块与模块之间的接口
系统测试	黑盒测试	测试人员	需求文档	软件的外观界面、功能、易用性、兼容性、安全性、性能
验收测试	黑盒测试	用户	需求文档	与系统测试的内容相似，主要测试软件的外观界面、功能、易用性、兼容性、安全性、性能

从表4-1可以清楚看到每个测试阶段所使用的方法、测试人员、测试依据及测试内容，如测试人员正处在系统测试中，采用的是黑盒测试，测试的依据是需求文档，测试的内容

是软件的外观界面、功能、易用性、兼容性、安全性及性能这 6 个方面的内容。

4.5 本章小结

4.5.1 学习提醒

本章所描述的测试概念都是实际项目中出现概率比较高的，是作为一名初级软件测试人员所应当了解和熟悉的。项目组中的测试人员一般是在系统测试阶段才介入进去的，通过本章的学习，应该掌握和了解系统测试所包含的测试内容以及初级软件测试人员在系统测试当中的定位。

4.5.2 求职指导

一 ┃ 本章面试常见问题

由于本章介绍的是测试的基本概念，这些基本概念一般在实际的面试过程中几乎不会被问到，但在笔试中却非常常见，比如什么是黑盒测试；什么是白盒测试；它们之间的区别是什么；软件测试按不同阶段可分为哪些测试；如何理解软件质量等。这些内容本章已有详细介绍，这里不再重复。但对于笔试部分需要说明以下几点。

（1）公司在招聘初级软件测试人员时，大概只有 35% 的公司会出笔试题目，大部分的公司招聘是没有笔试的，主要针对应聘者的简历直接进行面试。

（2）笔试考察的是测试人员对基础理论的掌握情况，具有一定的实用性，但由于笔试的题目是有限的，并不能全面考察测试人员的综合能力。而软件测试的工作更注重测试人员的动手能力和沟通能力，所以初级软件测试人员应聘时如果笔试没有做好，也不必紧张和懊恼，因为笔试成绩在整个面试过程中起不了决定性作用。当然，如果笔试做得很好，也是可以加分的。

二 ┃ 笔试技巧

笔试的时候要写清楚自己的名字和申请的职位。

笔试的时候字迹一定要工整，这表现了你做事情的心态和细节。

笔试一定要按要求和格式作答，它反映了一个测试人员能否按照要求去工作。

笔试的时候尽量不要空题，如果了解的话，尽量说出自己的看法。

尽量不要过早或延后交卷，可以在笔试结束前十五分钟左右交卷。

当发现笔试的内容跟自己的技能不太匹配时，可以跟面试官说明情况并申请是否可以换一份笔试题。

第5章 软件测试计划

通过前面章节的介绍，已经了解到当完成需求文档评审后，开发人员和测试人员就会投入到具体的工作中（参考图 3-2 的流程）。测试的工作会由测试经理负责安排，测试经理首先会制定好软件测试计划，测试计划中会描述测试范围、测试环境、测试策略、测试进度以及测试人员的工作安排和测试中可能出现的风险。测试人员可以依据这份测试计划展开测试工作。

5.1 软件测试计划的内容

如何理解软件测试计划呢？软件测试计划是一份描述软件测试范围、测试环境、测试策略、测试管理、测试风险的一份文档，由测试经理制定完成。依据这份测试计划，测试人员就可以有计划地发现软件产品的缺陷，验证软件的可接受程度。接下来，本书将对软件测试计划中的内容进行详细讲解。

一 | 测试范围

在软件测试计划中，测试范围用来确定需要测试的功能性需求和非功能性需求。测试计划会明确指出进行系统测试时主要测试哪些内容，哪些内容不在本次测试范围中，是否需要进行外观界面测试、功能测试、易用性测试、兼容性测试、性能测试、安全性测试或其他测试等。

二 | 测试环境

在软件测试计划中，测试环境定义了执行系统测试的软件环境和硬件环境。

软件环境：主要指进行系统测试的软件运行环境，以及软件运行所需的周边软件等。

例如，对 QQ 邮箱做系统测试时，测试人员是在 Windows 10 操作系统的 IE11 浏览器上测试的，那么本次系统测试的软件环境就是 Windows 10 操作系统和 IE11 浏览器。实际工作中的软件环境不限于 Windows 10 操作系统和 IE11 浏览器。

硬件环境：主要是指进行系统测试的硬件设施。例如，用于测试的计算机配置为酷睿 i5 处理器的 CPU、三星 8GB 的内存等，那么这个硬件配置情况就是本次系统测试的硬件环境。实际工作中的硬件环境并不限于这些硬件配置，还会涉及诸多方面，如测试的温度、湿度，也属于硬件环境。

三 | 测试策略

在软件测试计划中，测试策略指的是测试的依据、测试的准入标准、测试工具的选择、测试的重点及方法、测试的准出标准等内容。

（1）测试的依据，即测试时需要指明软件测试依据的标准文档有哪些，其中有两个重要的文档，一个是需求文档，另一个是测试用例，软件测试工作主要是依据它们来进行的。有关测试用例将在第 6 章详细介绍。

（2）测试的准入标准，即测试时需要指明系统满足怎样的条件后才能进行系统测试。通常测试的准入标准是指通过冒烟测试。冒烟测试指当测试人员拿到待测软件后，并不立即投入到系统测试的用例执行工作当中，而是首先筛选一些基本的功能点进行测试，如果筛选的这些基本功能点经测试后没有问题再进行系统测试。如果有问题则会停止测试，待开发人员修复好这些问题后再进行系统测试，比如，某软件一共有 300 个测试点，那么可能会筛选出常用的 30 个测试点来测试一下系统是否正常。只有当这 30 个测试点都没有问题后，才会进行全面的系统测试，那么对这 30 个测试点的测试工作就称为冒烟测试。在实际工作中，测试的准入标准可能并不局限于通过冒烟测试这一个条件。

（3）测试工具的选择，即测试时需要指明在测试的过程中会使用哪些工具。例如，测试人员在提交 Bug 的过程中需要用到 Bug 管理工具，市场上可供选择的 Bug 管理工具有很多，在制定测试策略时，测试组需要决定具体选择哪个工具，如用工具"禅道"来管理 Bug，又如部分的功能点可以利用自动化测试工具"Selenium3"进行测试等。有关"禅道"和"Selenium3"这两款测试工具，将会在第 8 章和第 10 章分别具体介绍。

（4）测试的重点及方法指的是，在进行系统测试的过程中，应当标明要测试的重点模块和区域、测试的优先次序以及所使用的测试方法。目前大家所了解到的测试方法主要是黑盒测试（功能测试），也就是手工测试。

（5）测试的准出标准也叫测试通过的标准。可以理解为，未关闭 Bug 的数量在不超过规定数量的情况下，可视为通过测试（也可以理解为未关闭 Bug 数量在不超过规定数量的情况下，软件产品才符合上线的标准）。例如，某测试组测试的准出标准（通过的标准）是，未关闭 Bug 的数量不能多于 3 个，并且没有严重和致命的 Bug，遗留的 Bug 并不影响用户对产品的使用和体验。实际工作中测试通过的标准并不局限于 Bug 的数量，还要看 Bug 的等级（根据严重程度一般分为致命问题、严重问题、一般问题、轻微问题、建议性问题），有关 Bug 等级的详细说明，将在第 8 章讲解。

四 ┃ 测试管理

在软件测试计划中，测试管理主要指测试任务的分配、时间进度的安排、沟通方式这三方面的内容。

（1）测试任务的分配指的是确定整个测试范围后，测试经理会根据团队中每个测试人员的特长分配相关的测试任务。测试任务主要包括两项重要的工作：一个是测试用例的设计和编写，另一个是测试用例的执行和操作。

（2）时间进度的安排指的是根据实际分配的工作任务来指定每个测试人员进行每项测试工作的起始时间和完成时间。

（3）沟通方式指的是测试过程中如果发现有需要沟通的问题，测试人员如何与项目组中其他成员进行沟通。沟通的方式有很多种，测试中常用的是面对面沟通、电子邮件沟通以及通过 Bug 管理工具沟通。

五 ┃ 测试风险

在软件测试计划中，需要指明测试中存在的各种风险，常见的风险有不透彻理解需求文档、估计不足测试时间及测试执行不到位等。

（1）不透彻理解需求文档：不透彻理解需求文档会导致测试人员对软件功能模块的理解存在偏差，进而影响判断遇到的问题，从而产生无效 Bug。如果完全不理解需求的某一项，则会导致测试人员无法理解该需求项所对应的软件功能模块，也就无法对软件的功能进行正确测试。

（2）估计不足测试时间：每个测试人员都要在规定的时间内完成测试，对自己工作量的估计不足而导致在规定的时间内无法完成相应的任务，会直接影响整个测试工作进度，造成推迟测试计划的风险。

（3）测试执行不到位：有些测试人员存在侥幸心理，认为有些功能模块不重要或是不会存在问题而不需要去执行它。在实际工作中，也有一些测试人员因不理解某些功能模块而无法执行相关测试工作，既不积极主动地与相关人员请教探讨，也不去想办法解决疑问，从而导致执行不到位。

当然，测试风险并不局限于以上 3 条。

对于上述所列出的风险，很多时候可以想办法避免或者降低这些风险。

（1）需求文档评审期间，测试人员需要认真深入地阅读相关内容，凡是有疑问的地方都要和产品人员沟通确认，并且在测试执行期间保持与产品人员及测试组同事沟通，多询问、多请教，明确掌握需求文档中的内容。

（2）在测试过程中如果发现测试时间不够，首先要想办法改进自己的测试方法以提高工作效率，另外可以申请得到团队同事的协助，最后如果实在因工期紧迫可以适当加班。

（3）软件中很多 Bug 都是因为测试执行不到位导致的，测试中有这样一条规律：越被认为没有问题的地方，可能就越容易出现问题。测试人员的侥幸心理是不可取的，也是一种不负责任的表现。而对于因不理解需求而无法执行的功能模块，应当及时向测试经理反馈以寻求解决方法，绝不能蒙混过关。测试人员要有认真负责的态度和优秀的专业素养。

5.2 软件测试计划的模板

通过 5.1 节，了解到测试计划需要考虑的内容，那么测试计划中的这些内容将如何在一份测试计划文档中体现出来呢？本节将介绍通用的软件测试计划模板，从而让读者能够了解如何编写测试计划文档。

一｜文档标识

不同的公司对文档标识有不同的要求，其目的是充分体现该测试计划文档的相关信息，如测试对象、测试文档的版本等。

具体在测试计划中，可以用下面这句话来体现文档标识：

本文档是针对 XYC 公司开发的 XYC 邮箱 V1.0 进行黑盒测试的整体测试计划。

二 | 测试目的

以下是在通用的测试计划模板中，体现测试目的的一段内容：

本次测试是针对 XYC 邮箱软件项目进行的系统测试，目的是判定该系统是否满足需求文档中规定的各项要求。

三 | 测试范围

表 5-1 是一个测试计划中系统测试范围模板。

表 5-1　系统测试范围模板

序号	XYC 邮箱的测试范围	说明
1	外观界面测试	检查 XYC 邮箱的外面界面是否符合需求文档中所要求的界面规范，是否美观、合理和人性化
2	功能测试	根据需求文档检查 XYC 邮箱的主要功能是否正确地实现
3	易用性测试	检查 XYC 邮箱是否操作简单、易用，是否符合通用的操作习惯
4	兼容性测试	检查 XYC 邮箱与市面上主流浏览器的兼容性，例如 360 浏览器、Firefox60、QQ 浏览器、搜狗浏览器等
5	安全性测试	检查 XYC 邮箱是否达到需求文档中的安全要求，是否存在安全隐患
6	性能测试	检查 XYC 邮箱是否达了需求文档中所定义的性能需求

四 | 测试环境

表 5-2 和表 5-3 分别为测试计划中描述系统测试软件环境和硬件环境的模板。

表 5-2　系统测试环境模板（软件环境）

终端类别	操作系统	应用软件
PC	Windows 10	IE11、360 浏览器、Firefox60、QQ 浏览器、搜狗浏览器

表 5-3　系统测试环境模板（硬件环境）

终端类别	机器名称	硬件配置
PC	联想商务机	CUP：酷睿 i5 内存：三星 8GB 硬盘：三星 500GB

五 ┃ 测试策略

表 5-4 为测试计划中描述测试策略的模板。

表 5-4　测试策略模板

序号	策略	内容
1	系统测试依据	需求文档和系统测试用例
2	测试准入的标准	（1）冒烟测试通过 （2）测试组的人员已全部到位，并且测试人员的专业技能符合测试要求
3	测试工具的选择	（1）本次系统测试中，登录和通讯录的功能模块适合进行自动化测试，因此这两个模块将使用自动化测试工具 Selenium3 （2）本次系统测试中所发现的 Bug 均使用"禅道"作为 Bug 测试管理工具进行提交，发现问题后首先提交给测试经理，经测试经理审核后再指派给开发人员
4	系统测试的方法	本次系统测试均采用黑盒测试（手工测试）的方法，登录模块和通讯录模块进行自动化测试前也必须进行必要的手工测试
5	系统测试的重点	（1）在 XYC 邮箱的外观界面测试中要确保菜单的大小和位置、要确保模块之间的协调、背景颜色的美观性等都符合规格要求 （2）在 XYC 邮箱的功能测试中要重点测试邮箱登录、写信、收信、附件模块的测试工作，这些模块应当优先进行测试 （3）在 XYC 邮箱的易用性测试中，要确保邮箱使用过程中的易操作性和易理解性等 （4）在 XYC 邮箱的兼容性测试中，要确保能与 IE11、360 浏览器、Firefox60、QQ 浏览器、搜狗浏览器的兼容性 （5）在 XYC 邮箱的安全性测试中，要防止他人利用已知的账户名进行非法侵入 （6）在 XYC 邮箱的性能测试中，要重点测试用户登录、收信等操作的系统响应时间
6	测试准出的标准	（1）测试用例已全部执行完成 （2）遗留的 Bug 数量不能超过 3 个，并且没有严重和致命的 Bug，遗留的 Bug 并不影响用户对产品的使用和体验

六 ┃ 测试管理

表 5-5 为测试计划中描述测试管理的模板。

七 ┃ 测试风险

表 5-6 为测试计划中描述测试风险的模板。

表 5-5　测试管理模板

分配任务	具体事宜	测试负责人	测试起始时间	测试结束时间
负责 XYC 邮箱性能测试	编写性能测试用例、执行测试用例、提交 Bug 单、回归测试、编写测试报告	张三（测试经理）	2018-03-01	2018-03-**
负责 XYC 邮箱安全性测试	编写安全性测试用例、执行测试用例、提交 Bug 单、回归测试、编写测试报告	李四（测试人员）	2018-03-01	2018-03-**
负责 XYC 邮箱写信模块的功能测试、界面测试、易用性测试及兼容性测试的工作	编写写信模块的测试用例、执行测试用例、提交 Bug 单、回归测试、编写该部分的测试报告	王五（测试人员）	2018-03-01	2018-03-**
负责 XYC 邮箱收件箱模块的功能测试、界面测试、易用性测试及兼容性测试的工作	编写收件箱模块的测试用例、执行测试用例、提交 Bug 单、回归测试、编写该部分的测试报告	何六（测试人员）	2018-03-01	2018-03-**
负责 XYC 邮箱发件箱模块的功能测试、界面测试、易用性测试及兼容性测试的工作	编写发件箱模块的测试用例、执行测试用例、提交 Bug 单、回归测试、编写该部分的测试报告	林七（测试人员）	2018-03-01	2018-03-**
负责 XYC 邮箱草稿箱模块的功能测试、界面测试、易用性测试及兼容性测试的工作	编写草稿箱模块的测试用例、执行测试用例、提交 Bug 单、回归测试、编写该部分的测试报告	伊八（测试人员）	2018-03-01	2018-03-**
负责 XYC 邮箱通讯录模块的功能测试、界面测试、易用性测试及兼容性测试的工作	编写通讯录模块的测试用例、执行测试用例、提交 Bug 单、回归测试、编写该部分的测试报告	汪九（测试人员）	2018-03-01	2018-03-**
负责 XYC 邮箱附件上传模块的功能测试、界面测试、易用性测试及兼容性测试的工作	编写附件上传模块的测试用例、执行测试用例、提交 Bug 单、回归测试、编写该部分的测试报告	刘十（测试人员）	2018-03-01	2018-03-**
负责 XYC 邮箱测试环境的搭建工作以及 Bug 管理工具"禅道"的安装工作	搭建 XYC 邮箱的后台环境、安装 Bug 管理工具"禅道"并进行维护	孙零（测试人员）	2018-03-01	2018-03-**

表 5-6 测试风险模板

风险分类	具体风险的情况	解决方案
不透彻理解需求文档	可能存在对需求理解有误差或者对软件的业务功能不熟悉的情况	有疑问的地方需要与产品人员沟通确认,在测试执行期间尽量保持与产品人员和测试组同事之间的沟通,多咨询、多请教
预估不足测试时间	工作中遇到突发情况或是工作计划没有合理安排而导致测试时间预估不足	(1)改进测试方法以提高工作效率 (2)请求同事的协助 (3)必要时可以适当加班 (4)遇到问题要及时向测试经理反馈情况
测试执行不到位	测试人员存在侥幸心理而导致部分模块没有被测试。或是对业务功能不熟悉并且未虚心求教,未进行相关内容的测试	及时向测试经理反馈,寻求解决方法,绝不能蒙混过关

对以上的测试计划模板,进行以下几点说明。

(1)以上测试计划模板中的项目和人物均是虚拟出来的。

(2)以上模板中出现的某些内容,如测试用例设计、测试环境的搭建、Bug 管理工具、提交 Bug 单、回归测试、测试报告、自动化测试工具等,均会在后面的章节中进行详细讲解。

(3)有关测试计划的模板,每个公司都不大一样,具体会根据实际项目制定。但有一点是相通的:测试人员的工作任务安排和时间进度计划这两部分是必须有的。

(4)本模板中的内容相对简单,其中并没有引入太多细节性的内容和复杂的测试策略及限定条件,而尽量用所学到的内容以及易理解的方式表达。原因在于:软件测试计划涵盖了项目测试中的方方面面,如果一开始就在测试计划中引入太过复杂的内容,这对于一个没有实际工作经验的初级软件测试人员是不实用的,也不利于后续的学习。

(5)软件测试计划是测试人员进行有序工作的一个基本依据,但是也要明白,测试中的进度安排并不是固定不变的,因需求的临时变更、测试时间被压缩、产品要提前上线等因素,测试计划都会根据实际情况调整。

(6)初级软件测试人员在进入项目的初期,在接收到测试计划中的任务后,按照规定的时间把本职工作做好、做细才是最重要的。

5.3　本章小结

5.3.1　学习提醒

对于本章测试计划中的内容，初级软件测试人员暂只需大体了解，随着测试工作的不断深入，测试经验的不断增加，制定出一个完整的测试计划并不是一件很困难的事情。

5.3.2　求职指导

一 ┃ 本章面试常见问题

问题 1： 你写过软件测试计划吗？

参考回答：写过，不过我写的是自己所负责模块的测试计划，项目的整体测试计划一般是由测试经理来写的。（这里有一点需要注意：项目的整体测试计划一般都是由测试经理来写的，但有时候测试经理也会要求测试人员把自己所负责的模块列一个详细的计划表出来，当然，内容的格式都是一样的。）

问题 2： 软件测试计划包括哪些内容？

参考回答：（如果一时记不起来那么多，注意停顿思考一下再回答）我们之前写的测试计划主要包括 5 个方面。

第一，测试范围。它指的是系统测试的范围以及本轮测试是测试全部模块还是只测试部分模块。

第二，测试环境。它指的是测试人员是在什么样的软、硬件环境下进行测试。

第三，测试策略。它的内容包括测试的依据、系统测试准入的标准、测试工具的选择、测试的重点及方法、测试准出的标准。

第四，测试管理。它指的是测试任务的分配、时间的限定、测试与开发之间的沟通方式等内容。

第五，测试风险。它指的是测试中如不透彻理解需求文档、估计不足测试时间及测试执行不到位等情况所造成的一些测试风险。

我们基本上会从这 5 个方面来制定我们的测试计划。

问题 3： 冒烟测试筛选的比例是多少呢？

分析：这个问题即是冒烟测试中会筛选多少个基本测试用例来进行测试。测试用例的概念还没有进行讲解，这里进行简单说明，其实测试用例的意思就等同于测试点。在第 2 章，本书为矿泉水瓶设计了 33 个测试点，也就等同于设计了 33 个测试用例。这个面试问题考察的是测试人员在进入系统测试之前，一般要筛选多少个测试用例来进行冒烟测试（进行基本的功能测试）。如冒烟测试通过，测试人员才会正式进入系统测试。

参考回答：在正常情况下，测试人员筛选的比例大概是整个测试用例的 1/15 ～ 1/7，测试用例的筛选工作一般是由测试经验相对丰富的测试人员完成的。主要筛选软件中最基本且最重要的一些功能点进行测试。但具体要筛选多少，没有一个具体的规定。一方面要结合测试的时间，另一方面要结合需求规模的大小等因素来考量，当然对于重要的、常用的测试点选择的会多一点。

二 | 面试技巧

在面试的过程当中，面试经验不足的测试人员在回答问题时往往会像背书一样，给人生硬的感觉，这是不可取的，且造成的面试结果往往并不理想。其实对于每个问题的回答，建议在理解的基础上尽可能地用自己的语言去表达，而不必局限于照搬书本上写的来作答。希望大家注意此面试技巧。

第6章 测试用例的设计

通过前面几章的介绍，已经了解到测试人员评审完需求文档后就会开始制定软件测试计划，制定测试计划后，测试人员就要开始设计测试用例，那何为测试用例呢？测试用例在整个测试流程中扮演了什么角色呢？本章将正式引入测试用例这一概念，并以具体的例子进行详细介绍。

6.1 什么是测试用例

本书前面几章的内容里，多次提到了测试用例这一概念，那么什么是测试用例呢？测试用例对测试工作会起到怎样的作用呢？测试用例与需求文档之间存在什么样的关系呢？本节将会详细解答这些问题。

6.1.1 测试用例的格式

在第 2 章的内容里已经为矿泉水瓶设计了 33 个测试点，然后依据这些测试点来测试矿泉水瓶。其实在软件测试领域，这个测试点指的就是测试用例。接下来一起来看看如何把一个测试点一步步演变成测试用例，下面举例说明，如图 6-1 所示。

■ 图 6-1 邮箱登录界面

假设图 6-1 显示的是 XYC 邮箱的登录模块，如果现在要对这个登录模块进行功能测试，那应如何测试呢？以下 4 个测试点是某同学在没有任何测试经验的情况下想出来的。

（1）输入正确的用户名和错误的密码测试能否登录成功。

（2）输入错误的用户名和错误的密码测试能否登录成功。

（3）用户名和密码都不输入的情况下测试能否登录成功。

（4）输入正确的用户名和正确的密码测试能否登录成功。

针对以上 4 个测试点，从中任选一个测试点来分析一下，例如直接选择第一个测试点：输入正确的用户名和错误的密码测试能否登录成功。单从字面上看，这个测试点似乎写得很清楚，输入正确的用户名，然后再输入错误的密码，之后看能不能登录邮箱。事实真的如此简单吗？本书在这里先提出几个问题，看是否能引起大家的思考？

第一个问题，"输入正确的用户名和错误的密码测试能否登录成功"，这个测试点是针对邮箱的哪个模块进行测试的呢？在测试点中没有明确说明。

第二个问题，测试时如果网络不通畅，是无法进行这个登录测试的，所以测试前提条件就是要保证网络通畅，这一点也没有在测试点中说明。

第三个问题，邮箱登录功能是在什么环境下测试的呢？是在 Windows XP 操作系统上还是在 Windows 10 操作系统上测试的，用的是 IE 浏览器还是 360 浏览器，具体的测试环境在测试点中没有说明。

第四个问题，在输入用户名和密码前，测试人员是通过什么网址打开登录页面的，这一点在测试点中也没有说明。

第五个问题，输入正确的用户名和错误的密码，那么这个正确的用户名和错误的密码具体的测试数据是什么呢？这个在测试点中也没有明确出来。

第六个问题，"输入正确的用户名和错误的密码测试能否登录成功"，对测试人员而言是期望它登录成功还是登录失败呢？这在测试点中也没有明确写清楚。

对于以上几点，有人会说，我当然清楚这里面相关的测试数据和判断。可如果软件的测试点多达成百上千个时，你真能记得住这些测试点的每个测试步骤和测试数据吗？所以测试人员在最初设计测试点时，一定要把测试所针对的模块、测试的前提条件、测试所用到的环境、测试的具体步骤、测试步骤中所用到的具体测试数据以及测试人员想到得到一个什么样的预期结果等这些关键元素写清楚，以便在后期执行测试用例时能够顺利进行。结合以上几点，便可对"输入正确的用户名和错误的密码测试能否登录成功"这个测试点进行完善，具体内容如下。

　　此测试点针对的是 XYC 邮箱的登录模块，测试之前，确保网络是通畅的。首先在 Windows 10 操作系统中打开 IE11 浏览器，并在浏览器网址中输入该邮箱登录页面的网址 http://mail.***.com，然后打开邮箱的登录页面，接着在用户名输入框中输入一个正确的用户名"test123"，在密码输入框中输入一个错误的密码"123456"，单击登录按钮，查看是否登录成功。测试人员期望的结果：邮箱登录不成功，并提示用户名和密码错误。

　　这样编写测试点后，就细致了很多，因为测试的关键元素都被写出来了。依据这个测试点的描述，即使不是测试人员，也能顺利执行。但这里有一个问题，如果每个测试点都写成一段话，那么登录模块的所有测试点会像是一篇文章，写的时候费力，读的时候也费时，无形地增加工作量。为了增强测试点的可写性和可读性，可以把一个测试点所必须包含的内容划分成 9 个基本元素，并通过表格的形式将它们展示出来，见表 6-1。

表 6-1　测试用例 1

测试序号	测试模块	前置条件	测试环境	操作步骤和数据	预期结果	实际结果	是否通过	备注
1	邮箱登录	网络正常	Windows 10 操作系统，IE11 浏览器	（1）通过 http://mail.***.com 打开邮箱登录页面（2）输入正确的用户名"test123"，输入错误的密码"123456"（3）单击登录按钮查看是否登录成功	（1）邮箱登录页面可以正常打开（2）用户名和密码可以被正常地输入（3）邮箱登录不成功，并提示用户名和密码错误			

　　（1）从表 6-1 可以看到，这 9 个基本元素分别是测试序号、测试模块、前置条件、测试环境、操作步骤和数据、预期结果、实际结果、是否通过、备注。而原先测试点中的内容也被相应地分割，并把分割后的内容放置在了相对应的元素下面，这就构成了一个标准的测试用例。

　　（2）测试用例是为某个特殊目标而编制的一组测试输入、执行条件以及预期结果，以便核实是否满足某个特定需求。测试用例是测试的一个例子，而这个例子包括测试序号、测试模块、前置条件、测试环境、操作步骤和数据、预期结果、实际结果、是否通过、备注这 9 个关键的基本元素。每个公司的规范可能不一样，有的还包括测试时间、测试人员、软件的版本名称、优先级等一些附加元素。

　　（3）接下来再把前面所写的第二个测试点"输入错误的用户名和错误的密码测试能否登录成功"也转化为表格形式的测试用例，见表 6-2。

表 6-2　测试用例 2

测试序号	测试模块	前置条件	测试环境	操作步骤和数据	预期结果	实际结果	是否通过	备注
1	邮箱登录	网络正常	Windows 10 操作系统，IE11 浏览器	（1）通过 http://mail.***.com 打开邮箱登录页面 （2）输入正确的用户名"test123"，输入错误的密码"123456" （3）单击登录按钮，查看是否登录成功	（1）邮箱登录页面可以正常打开 （2）用户名和密码可以被正常地输入 （3）邮箱登录不成功，并提示用户名和密码错误			
2	邮箱登录	网络正常	Windows 10 操作系统，IE11 浏览器	（1）通过 http://mail.***.com 打开邮箱登录页面 （2）输入错误的用户名"abc587"，输入错误的密码"456232" （3）单击登录按钮，查看是否登录成功	（1）邮箱登录页面可以正常打开 （2）用户名和密码可以正常地输入 （3）邮箱登录不成功，并提示用户名和密码错误			

（4）从表 6-2 可以看到第二个测试点也已转化为表格形式，转化的过程其实很容易，就是把测试用例的内容依次填写到相应的表格中。通过以上的表格形式来编写测试用例，测试用例中各个元素信息一目了然，使得用例的编写、阅读和执行更加容易。

（5）其中"操作步骤和数据"是测试用例中最关键的地方，结合表 6-2 中的第二个测试用例，观察一下操作步骤和数据的演变过程，如图 6-2 所示。

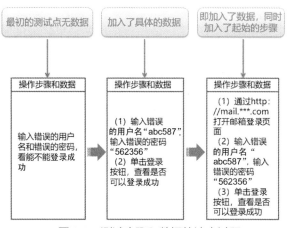

■ 图 6-2　测试步骤和数据的演变过程

通过图 6-2 中 3 个测试步骤的对比，最后一个操作步骤和数据是最详细的，不仅加入了如何打开邮箱登录页面的步骤，还加入了用户名和密码的详细信息。那么对于初级软件测试人员而言，测试步骤和数据一般要细致到什么程度呢？在实际的工作中，对初级软件测试人员曾有这么一个标准，即如果你写出来的测试步骤和数据能够让一个从未接触过测试工作的普通人也能顺利执行的话，那么说明这个测试步骤和数据就写得很详细了。待有一定的工作经验后，测试用例的操作步骤可以适当简化，但简化之后也要清晰明了，具体的测试数据也是不能少的。

（6）"预期结果"是测试用例中的第二个关键元素，结合表 6-2 中的第二个测试用例，也来观察下预期结果的演变过程，如图 6-3 所示。

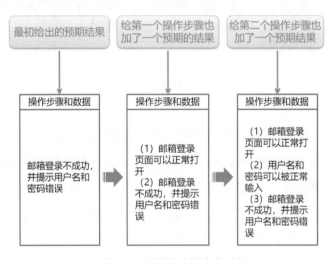

图 6-3 预期结果的演变过程

通过图 6-3 中 3 个预期结果的对比，最后一个预期结果是最全面的。其实核心的预期结果只有一个：邮箱登录不成功，并提示用户名和密码错误。但严格来讲，每个测试步骤都应该有一个预期结果。例如在第二个测试用例中，操作步骤和数据中一共有 3 个步骤，那么预期结果也应该有 3 个，对于初级软件测试人员来说，应当尽可能地把每个操作步骤所对应的预期结果写完整。当然，写出操作步骤，就很好写预期结果了，除非测试人员不熟悉测试系统或需求文档。

接下来，再把前面所写的第三个测试点"用户名和密码都不输入的情况下测试能否登录成功"和第四个测试点"输入正确的用户名和正确的密码测试能否登录成功"都转化为表格形式的测试用例，见表 6-3 所示。

表6-3　测试用例3

测试序号	测试模块	前置条件	测试环境	操作步骤和数据	预期结果	实际结果	是否通过	备注
1	邮箱登录	网络正常	Windows 10操作系统，IE11浏览器	（1）通过 http://mail.***.com 打开邮箱登录页面 （2）输入正确的用户名"test123"，输入错误的密码"123456" （3）单击登录按钮，查看是否登录成功	（1）邮箱登录页面可以正常打开 （2）用户名和密码可以被正常地输入 （3）邮箱登录不成功，并提示用户名和密码错误			
2	邮箱登录	网络正常	Windows 10操作系统，IE11浏览器	（1）通过 http://mail.***.com 打开邮箱登录页面 （2）输入错误的用户名"abc587"，输入错误的密码"456232" （3）单击登录按钮，查看是否登录成功	（1）邮箱登录页面可以正常打开 （2）用户名和密码可以被正常地输入 （3）邮箱登录不成功，并提示用户名和密码错误			
3	邮箱登录	网络正常	Windows 10操作系统，IE11浏览器	（1）通过 http://mail.***.com 打开邮箱登录页面 （2）用户名和密码不输入任何信息，直接单击登录按钮，查看是否登录成功	（1）邮箱登录页面可以正常打开 （2）邮箱登录不成功，并提示需要输入用户名和密码			
4	邮箱登录	网络正常	Windows 10操作系统，IE11浏览器	（1）通过 http://mail.***.com 打开邮箱登录页面 （2）输入正确的用户名"test123"，输入正确的密码"123123" （3）单击登录按钮，查看是否登录成功	（1）邮箱登录页面可以正常打开 （2）用户名和密码可以被正常地输入 （3）邮箱登录成功			

（7）对于测试用例的"实际结果"这一元素，在实际测试软件时才能填写。例如针对测试点"输入正确的用户名和错误的密码测试能否登录成功"，如果执行测试用例的时候发现邮箱是登录失败的，那么该测试用例的实际测试结果就是"登录失败"。

（8）对于测试用例的"是否通过"这一元素，它指的是如果实际结果与预期结果相符，则表明此测试用例通过；如果实际结果与预期结果不相符，则表明此测试用例不通过，说明程序的处理是有问题的，需要测试人员提交 Bug 单给开发人员进行修改。

（9）对于测试用例的"备注"这一元素，指的是对本测试用例额外补充的一些说明，如无特殊情况，这个选项一般可以不填。

至此，已介绍完测试点演变成测试用例的整个过程了。通俗来讲，测试点就是一个测试用例的中心思想，或者说测试点就是设计测试用例的大纲；而测试用例是在测试点的基础上进一步细化了其中的内容。在实际的工作中，测试人员可采用 Excel 表格或者是 Word 文档来编写测试用例，也可以使用相应的测试管理工具编写。

6.1.2　测试用例的作用

先回顾一下第 3 章图 3-2 的流程，开发人员在拿到通过评审的需求文档后，就会按照需求文档进行概要设计和详细设计的工作，然后再进入编码阶段，在开发人员进行软件开发的这段时间里，测试人员会设计出各模块的测试用例。待开发人员开发完成软件之后，测试人员就可以依据之前设计好的测试用例测试软件是否有问题，而不是等开发软件完成后，测试人员再去设计测试用例。

测试用例是测试人员具体执行测试的依据，它是非常关键的文档，它作为测试的标准并指导测试人员进行测试工作。测试人员会按照测试用例中的操作步骤和具体数据逐一执行测试用例，发现问题并提交 Bug 单，最终完善软件的质量。

6.1.3　测试用例与需求的关系

在第 2 章的内容里，设计矿泉水瓶测试点时，放置了矿泉水瓶这个明显的参照物在测试人员面前，所以测试点设计起来就比较容易。但测试人员在设计软件测试用例时，这个软件并没有完成开发，没有明显的参照物可以给到测试人员，那此时测试人员是依据什么来设计测试用例的呢？其实测试人员是依据需求文档来进行测试用例的设计的。

前几章的内容中，本书没有展示需求文档里的具体内容，原因在于需求文档包含了软件的所有需求规格，包括功能需求和非功能需求（例如性能安全方面的需求）等，其信息量很大，可能大部分的需求内容是初级软件测试人员暂时不涉及的，过早的展示会影响测试人员的学习理解。而初级软件测试人员需要关注的是需求文档里每个功能模块的需求，因为初级软件测试人员主要做的是功能测试。接下来，就选取某需求文档中的一个片段，该片段描述的是某网站登录模块的功能需求说明。

（1）功能描述：对用户进行身份验证，只有输入了正确的用户名和密码的用户才能成功登录到网站首页；当输入错误的用户名或密码时，则无法登录到网站首页，并会给出相应的提示信息。

（2）该网站登录原型界面如图6-4所示。

■ 图6-4 登录界面

（3）输入项：登录模块的输入项包括用户名输入框、密码输入框、确认登录按钮。

（4）输出项：登录模块的输出项有两个情景，一个是成功登录到网站首页，另一个登录失败时的提示信息。

① 登录成功：用户直接进入到网站首页。

② 登录失败：系统将给出提示的信息，见表6-4。

表6-4 登录失败时提示列表

错误提示信息1	你的用户名或密码输入错误，请重新输入
错误提示信息2	你的账号并不存在

（5）输入框限制：用户名和密码的取值范围，见表6-5。

表6-5 输入框限制

用户名	密码
只能输入6位的英文字符	只能输入6位的数字

上面的需求项似乎有点多，把以上的需求项整合一下就变成了如图6-5的形式，这样就清晰了很多。

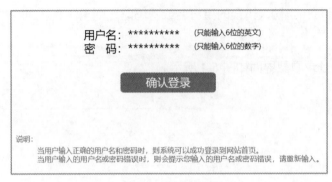

■ 图 6-5　需求点整合

从图 6-5 的需求规格可以看到，即使是开发人员已经开发出来了登录页面，也不一定有需求文档描述得详细。

在这里只展示了登录模块的功能需求，需求文档会对软件中每个模块的功能都进行相应的需求说明，这些说明包括每个模块的功能描述、原型界面、输入项、输出项、数据的取值范围等信息，所以测试人员不用担心没有"参照物"。

有了需求文档这一详细的"参照物"后，测试人员就有了设计测试用例的依据。（补充一点：正如前文所述，工作中如发现需求文档中有不详细或存在歧义的地方，要及时与产品人员沟通确认。）

6.2　功能测试的用例设计方法

需求文档通过评审确认后，测试人员就可以依此开始设计测试用例了。初级软件测试人员在设计测试用例的时候，如果只是依据自己的想象力，设计出来的测试用例一定存在局限性，因为测试人员无法确定是否所有的测试用例都被设计出来。其实在功能测试领域有很多种测试用例的设计方法，每种方法都有相应的应用领域。在这里本书将介绍其中 5 种常用的测试用例设计方法，分别是等价类划分法、边界值分析法、错误推测法、正交表分析法和因果判定法，这些方法可以应用于大多数软件的测试用例设计中。大家可以运用这 5 种设计方法，加上自己的联想和发散思维能力，设计出较为完整的测试用例。

6.2.1　等价类划分法

在功能测试中，等价类划分法的应用是比较广泛的，对于初级软件测试人员而言，需要熟练掌握这一方法。

等价类划分法即把所有可能输入的数据划分为若干个区域，然后从每个区域中取少数有代表性的数据进行测试即可。下面详细介绍这一方法的使用。

例1： 如图 6-6 所示，它展示的是某网页的一个年龄输入框的需求文档。

图 6-6　年龄输入框界面

从图 6-6 的需求文档可以了解到，输入条件是 20 ~ 99 的任意整数。只有输入的数据是 20 ~ 99 的任意整数，才能提交成功；如果输入的是 20 ~ 99 以外的数字或字符则不会提交成功。但对于软件测试人员还应考虑以下几点。

（1）对于一个刚开发出来的系统页面，即使测试人员输入的整数是 20 ~ 99 的，系统就一定能提交成功吗？有人可能会认为这肯定能提交成功，因为输入的数据符合需求文档，实际上对于一个刚开发完成的系统软件，有时即使你输入了 20 ~ 99 的整数，也可能提交不成功。它有 3 种可能出现的结果：第一种情况是提交成功了；第二种情况是提交不成功；第三种情况是提交后可能会发生其他意想不到的错误。为什么会这样呢？一是因为代码不是测试人员写的，测试人员没有办法了解程序的内部结构；二是因为程序员在开发软件的过程中，很可能把代码写错了或遗漏了某些功能，导致提交功能出现异常。所以在测试的过程中，各种情况都有可能发生，为了确保万无一失，测试人员需要对 20 ~ 99 的所有整数都进行测试。

（2）当测试人员输入 20 ~ 99 之外的整数时，系统就一定提交不成功吗？答案也是否定的，与上文类似，它也有 3 种可能出现的结果：第一种情况是提交不成功并给出提示；第二种情况是提交成功；第三种情况是提交后可能会发生其他意想不到的错误，道理同上。

所以对于在 20 ～ 90 之外的整数，测试人员也需要测试。

（3）有些测试人员存有侥幸心理，觉得年龄输入框这个功能很简单，程序肯定能正确处理，所以没有必要去测试或是少测试一点。如果这个程序员的编程技术很好，代码质量也很好，对输入的各种整数都能正确处理，那产品上线后也就没有问题了，对用户也不会有所影响。可如果程序员在情急之中写错了代码或者其他原因导致代码有问题，那么这个输入框在产品上线后就很有可能出现问题，例如该提交的年龄数据没有正常提交，不该提交数据的被提交了，那对用户而言就是批量影响了，后果不可想象。所以刚开发出来的系统，谁都不能确保没有问题，而且越是简单的模块可能越容易出问题，因此务必要认真测试。

（4）那是不是说只要把 20 ～ 99 的整数及其区间以外的整数都测试了就可以了呢？当然不是，这个输入框除了可以输入整数外，还可以输入其他数据，例如带小数点的小数、负数、中文字符、英文字符、特殊字符、空格、全角字符或不输入任何字符等，那么这些字符需要测试吗？有人可能会说，需求文档定义的输入条件是 20 ～ 99 的整数，谁又会去输入那些非法的特殊字符呢？其实用户是有可能输入这些非法字符并单击提交操作的。例如，用户在输入数据的过程中原本只想输入一个 20 ～ 99 的整数，可是一不小心把一个英文字符输进去了并单击了提交操作。有的用户是在不知情的情况下输入错误，还有些用户可能是故意输入的，如果不对这些非法字符进行测试的话，这个产品上线后就有可能会出现问题。因为当用户输入这些特殊字符后，系统会出现前面介绍的 3 种情况：第一种情况是提交不成功并能给出错误提示；第二种情况是提交成功；第三种情况是提交后发生其他意想不到的错误。如果出现了第二、第三种情况，只能说明软件质量容错能力很差。所以如果不测试的话，则不能保证不会出现第二、第三种情况。

通过以上的分析，对于年龄输入框，需要测试的数据有 20 ～ 99 的整数、小于 20 的正整数、大于 99 的整数、其他非法字符等。本书想告诉大家一个测试的基本思想：凡是需求文档限定内的数据，测试人员需要进行测试；凡是需求文档限定以外的数据，测试人员一样也要测试。如果你不测试的话，用户就有可能测试，如果被用户测试出来有问题，那问题就严重了。简单一点讲就是，凡是用户有可能做的操作，测试人员都要去测试。

在这里把这个年龄输入框所有可能输入的数据划分为 4 个区域，如图 6-7 所示。

用户有可能输入图 6-7 所展示的①②③④这 4 个区域中的数据，所以这 4 个区域所包含的数据都要进行测试。可是在这 4 个区域中，每个区域里面都包含了大量的数据，例如第①个区域中的 20 ～ 99 的整数就有 80 个，第②个区域小于 20 的正整数也有 19 个，第

③个区域大于 99 的整数有无数个，第④个区域中的小数也有无数个、负数也有无数个、中文字符有几千个、英文字符有 26 个、特殊符号也有几十个，如果测试每个数据的话，恐怕永远也测试不完，也是不现实的。那如何解决这个问题呢？这里就要应用到等价类划分法。

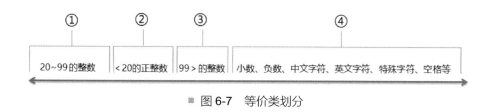

■ 图 6-7 等价类划分

等价类划分法是把所有可能输入的数据划分为若干个区域，例如图 6-7 所展示的①②③④这 4 个区域；然后从每个区域中取少数有代表性的数据测试即可，这个有代表性的数据应该如何取呢？下面就来分析每个区域如何取有代表性的数据。

第①个区域是 20 ~ 99 的整数，这个区域的整数符合需求文档定义的输入条件。对系统来说这些数据是有效的，并且它们都是同一类型的数据，都是整数。那么这个区域中的每个整数都是等价的（等价的意思就是说程序对它们的处理方式都是一样的），所以测试人员只需要取其中的一个整数去测试即可。在这里可以把符合需求文档中规定的数据称为有效等价类（之所以叫有效，是因为它们都是符合需求文档中定义的数据；之所以叫等价，是因为它们都是同一类型的数据）。那么对于第①个区域的数据，测试人员只需要取其中任意一个整数进行测试便可，见表 6-6。

表 6-6 第①个区域的测试数据

有效等价类	有效等价类取值
20 ~ 99 的整数	88

第②个区域是小于 20 的正整数，这个区域的数据不符合需求文档定义的输入条件，对系统来说是无效的。但这个区域的数据也是同一类型的数据，都是小于 20 的正整数，那么这个区域中的每个数据也都是等价的，所以测试人员只需要在这个区域内取其中的一个正整数去测试就可以。在这里把不符合需求文档中规定的数据称之为无效等价类（之所以叫无效，是因为它们都是不符合需求文档中定义的数据；之所以叫等价，是因为它们都是同一类型的数据）。那么对于第②个区域的数据测试只需要取其中的任意一个正整数进

行测试便可，见表6-7。

表6-7　第②个区域的测试数据

无效等价类	无效等价类取值
小于 20 的正整数	16

　　第③个区域是大于 99 的整数，这个区域的数据都不符合需求文档定义的输入条件，对系统来说是无效的，但这个区域的数据都是同一类型的数据，都是大于 99 的整数，那么这个区域当中的每个数据也都是等价的，所以它们都属于无效等价类，同样，测试人员只需要在这个范围内取其中的一个整数测试即可，见表6-8。

表6-8　第③个区域的测试数据

无效等价类	无效等价类取值
大于 99 的整数	103

　　第④个区域中的数据（小数、负数、中文字符、英文字符、特殊字符、空格等），也都不符合需求文档中定义的输入条件，对系统来说都是无效的。但小数都是同一类型的数据，这一类型的数据也都是等价的，所以小数也都属于无效等价类，测试人员只需要取所有小数中任意一个小数测试便可。同理，第④个区域中其他类型的数据，在各自的内部都是等价的，所以它们的取值方法同小数的取值一样，只取各自内部其中的一个数据去测试即可。第④个区域无效等价类的取值见表6-9。

表6-9　第④个区域的测试数据

无效等价类	无效等价类取值
小数	1.2
负数	–6
中文字符	江楚
英文字符	john
特殊字符	@#$%
空格	
空的（不输入任何字符）	

完成取值后，就可以看到，测试人员并不需要把①②③④这4个区域中所有的数据都放到输入框中进行测试，而只是从中选取具有代表性的数据测试即可，这就是等价类划分法的功效。同时还应注意到，等价类划分法可以分为两个方面：一个是有效等价类；另一个是无效等价类。在本例中相当于划分出了一个有效等价类（①这个区域属于有效等价类），三个无效等价类（②③④都属于无效等价类）。

接下来，把以上的测试点整理在一个表中，见表6-10。

表6-10 年龄输入框的测试点

输入条件	有效等价类	有效等价类取值	无效等价类	无效等价类取值
20 ～ 99 的整数	20 ≤ 年龄 ≤ 99	88	小于 20 的正整数	16
			大于 99 的整数	103
			小数	1.2
			负数	−6
			中文字符	江楚
			英文字符	john
			特殊字符	@#$%
			空格	
			空的（不输入任何字符）	

从表6-10可以看到，通过等价类划分法，一共为年龄输入框设计出了10个测试数据，它们分别是88、16、103、1.2、−6、江楚、john、@#$%、空格、空的。有了测试数据再转化成测试用例就很容易了。接下来选取"88"和"@#$%"这两个测试点，并将它们转化为测试用例，见表6-11。

表6-11 等价类划分法设计测试用例

测试序号	测试模块	前置条件	测试环境	操作步骤和数据	预期结果	实际结果	是否通过	备注
1	年龄输入框	网络正常	Windows 10 操作系统，IE11 浏览器	（1）通过 http://***.***.com 打开年龄输入框的页面 （2）年龄输入框中输入"88" （3）单击提交按钮，查看是否提交成功	（1）年龄输入框页面可以正常打开 （2）年龄可以被正常输入 （3）系统提示：你输入的数据有效，并已提交成功			

续表

测试序号	测试模块	前置条件	测试环境	操作步骤和数据	预期结果	实际结果	是否通过	备注
2	年龄输入框	网络正常	Windows 10 操作系统，IE11 浏览器	（1）通过 http://***.***.com 打开年龄输入框的页面（2）年龄输入框中输入"@#$%"（3）单击提交按钮，查看是否提交成功	（1）年龄输入框页面可以正常打开（2）年龄可以被正常输入（3）系统提示：你输入的数据无效，请重新输入			

为了让大家熟练掌握这一方法，接下来再举几个常见的例子。

例2： 以下是一个普通用户注册的需求文档，如图 6-8 所示。

■ 图 6-8 普通用户注册

分析： 需求文档中规定的输入条件是，用户名由 a ~ z 的小写英文字母组成，长度为 6 个字符。可以看到这个需求文档对输入条件有 3 个限制。一是只能输入 a ~ z 的字母；二是必须是小写；三是长度必须满足 6 位。而例 1 中需求文档对输入条件只有一个限定，即 20 ~ 99 的整数。

那么此例中的有效等价类就需要同时满足字母、小写、长度 6 位这 3 个限定条件，并且缺一不可。搞清楚了这一点，设计测试数据就比较容易了，例如"aaabbb"这个数据就满足输入条件的 3 个限定条件，其他满足这 3 个限定条件的测试数据都是等价的，所以只取一个值就够了，见表 6-12 所示。

表 6-12 用户名测试数据（有效等价类）

输入条件	有效等价类	有效等价类取值
由 a ~ z 的字母组成	用户名由 a ~ z 的字母组成	
小写英文字母	用户名必须是小写英文字母	aaazzz
长度为 6 位	用户名长度为 6 位	

那么此例中的无效等价类又有哪些呢？在例 1 中，对输入的条件只有一个限定条件，所以无效等价类很容易划分，即除 20 ～ 99 以外的所有可输入的数据。但在本例中，对输入的条件有 3 个限定条件，这又如何划分无效等价类呢？可以使用一个简单的技巧，由于已经知道输入条件的 3 个限定条件，那么无效等价类就取有效等价类中每个限定条件的相反方向的数据即可，见表 6-13 所示。

表 6-13 用户名等价类划分

输入条件	有效等价类	无效等价类
由 a ～ z 的字母组成	用户名由 a ～ z 的字母组成	用户名除 a ～ z 的字母外还包括数字
		用户名除 a ～ z 的字母外还包括中文
		用户名除 a ～ z 的字母外还包括特殊字符
		用户名是空的
		用户名除 a ～ z 的字母外还包括空格
小写英文字母	用户名必须是小写英文字母	用户名除小写字母外还包括大写字母
长度为 6 位	用户名的长度为 6 位	小于 6 位的用户名、大于 6 位的用户名

找到了无效等价类，那么无效等价类的取值就很容易了，见表 6-14。

表 6-14 用户名测试数据（无效等价类）

无效等价类	取值
用户名除 a ～ z 的字母外还包括数字	bbc123
用户名除 a ～ z 的字母外还包括中文	cccc 江楚
用户名除 a ～ z 的字母外还包括特殊字符	abc@#$
用户名是空的	
用户名除 a ～ z 的字母外还包括空格	ab cccc
用户名除小写字母外还包括大写字母	gggCCC
小于 6 位的用户名	aaabb
大于 6 位的用户名	aaabbbcc

接下来再将本例中设计的测试点整理到一个表中，见表 6-15。

表 6-15　用户名的测试点

输入条件	有效等价类	有效等价类取值	无效等价类	无效等价类取值
由 a～z 的字母组成	用户名由 a～z 的字母组成	aaazzz	用户名除 a～z 的字母外还包括数字	bbc123
			用户名除 a～z 的字母外还包括中文	cccc 江楚
			用户名除 a～z 的字母外还包括特殊字符	abc@#$
			用户名是空的	
小写英文字母	用户名必须是小写英文字母		用户名除 a～z 的字母外还包括空格	ab　cccc
			用户名除小写字母外还包括大写字母	gggCCC
长度为 6 位	用户名的长度为 6 位		小于 6 位的用户名	aaabb
			大于 6 位的用户名	aaabbbcc

从表 6-15 可以看到，本例中通过等价类划分法设计出了 9 个测试点。同时应注意到，此例中有效等价类的取值只要同时满足输入条件中所有的限定要求就可以。而无效等价类只需要取有效等价类中每个限定相反方向的数据就可以，为了证明这一点，继续举例。

例 3： 图 6-9 是一个高级用户注册的需求文档，与例 2 相比，此需求文档更复杂一些。

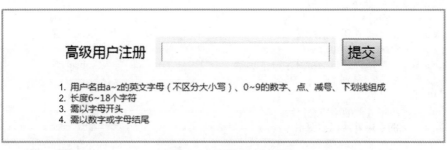

■ 图 6-9　高级用户注册

从图 6-9 的需求文档中可以看到，高级用户注册的输入条件有 4 个限定条件，那么此例中的有效等价类的取值就需要同时满足这 4 个限定条件，见表 6-16。

接下来分析无效等价类，无效等价类就是取有效等价类中输入限定的相反方向的数据，见表 6-17。

表 6-16　高级用户名测试数据（有效等价类）

输入条件	有效等价类	有效等价类取值
用户名由 a ~ z 的英文字母（不区分大小写）、0 ~ 9 的数字、点、减号、下划线组成	用户名由 a ~ z 的英文字母（不区分大小写）、0 ~ 9 的数字、点、减号、下划线组成	为了满足全部条件，设计了两个分别以字母和数字结尾的测试数据 取值 1：Jiang001.-_jiang 取值 2：Jiang001.-_9988
长度 6 ~ 18 个字符	用户名的长度 6 ~ 18 个字符	
需以字母开头	用户名需以字母开头	
需以字母或数字结尾	用户名需以字母或数字结尾	

表 6-17　高级用户名等价类划分

输入条件	有效等价类	无效等价类
用户名由 a ~ z 的英文字母（不区分大小写）、0 ~ 9 的数字、点、减号、下划线组成	用户名由 a ~ z 的英文字母（不区分大小写）、0 ~ 9 的数字、点、减号、下划线组成	用户名除 a ~ z 的英文字母（不区分大小写）、0 ~ 9 的数字、点、减号、下划线这些字符外，还包括空的、空格、中文
长度 6 ~ 18 个字符	用户名长度 6 ~ 18 个字符	小于 6 位的用户名、大于 18 位的用户名
需以字母开头	用户名需以字母开头	非字母开头的用户名
需以字母或数字结尾	用户名需以字母或数字结尾	不以字母或数字结尾的用户名

同样地，找到了无效等价类，那么无效等价类的取值就很容易了，见表 6-18。

表 6-18　高级用户名测试数据（无效等价类）

无效等价类	无效等价类取值
用户名为空	
用户名中包括空格	Jian01.-_jia
用户名中包括中文	Ji 中国 n01.-_jia
小于 6 位的用户名	Jia
大于 18 位的用户名	Jiang001.-_jiang-_jiang
非字母开头的用户名	-Jiang001.-_ji
不以字母或数字结尾用户名	Jiang001.-_ji_

下面把本例设计的测试点整理到一个表中，见表 6-19。

表 6-19 高级用户名测试数据

输入条件	有效等价类	有效等价类取值	无效等价类	无效等价类取值
用户名由 a ~ z 的英文字母（不区分大小写）、0 ~ 9 的数字、点、减号、下划线组成	用户名由 a ~ z 的英文字母（不区分大小写）、0 ~ 9 的数字、点、减号、下划线组成	Jiang001.-_jiang Jiang001.-_9988	用户名为空	
长度 6 ~ 18 个字符	用户名长度 6 ~ 18 个字符		用户名中包括空格	Jian01.-_jia
			用户名中包括中文	Ji 中国 n01.-_jia
需以字母开头	用户名需以字母开头		小于 6 位的用户名	Jia
			大于 18 位的用户名	Jiang001.-_jiang-_jiang
需以字母或数字结尾	需以字母或数字结尾		非字母开头的用户名	-Jiang001.-_ji
			不以字母或数字结尾用户名	Jiang001.-_ji_

通过表 6-19 可以看到，本例中通过等价类划分法设计出了 9 个测试点，把测试点转化为测试用例在这里就不阐述了，前面已有介绍。

以上就是等价类划分法的基本使用过程，这些过程并不复杂。随着大家对测试知识的不断深入以及测试经验的不断积累，一定可以充分地运用这个方法来设计测试用例。

6.2.2　边界值分析法

在功能测试中，边界值分析法也是测试人员常用的一个方法，它通常被视为对等价类划分法的一种补充。

边界值分析法是取稍高于或稍低于边界的一些数据进行测试。为什么要取这些数据进行测试呢？因为测试经验告诉我们，程序在处理边界数据的时候较容易出错。

边界值分析法在以下两种情况下经常被用到。

第一种情况：输入条件是一个取值范围，对于这个取值范围的边界要进行边界值测试。

第二种情况：输入条件中规定输入的数据是一个有序集合，对这个有序集合的边界要进行边界值测试。

下面就这两种情况分别举例说明。

例1: 以年龄输入框这一功能需求为例来介绍, 如图 6-10 所示。

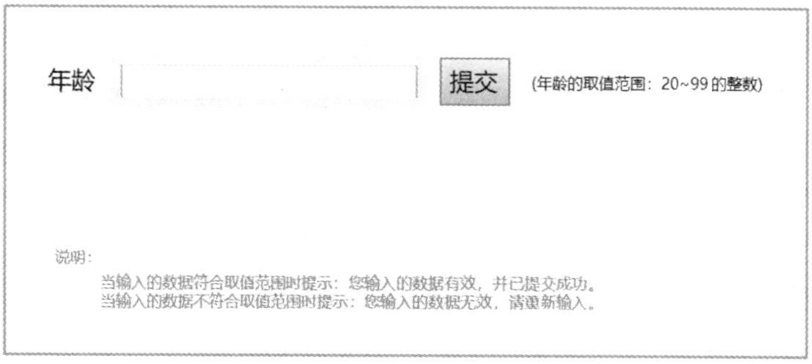

年龄 [_____] 提交 (年龄的取值范围: 20~99的整数)

说明:
当输入的数据符合取值范围时提示: 您输入的数据有效, 并已提交成功。
当输入的数据不符合取值范围时提示: 您输入的数据无效, 请重新输入。

■ 图 6-10 年龄输入框

从图 6-10 可以看到, 年龄的输入条件是一个取值范围, 即 20 ~ 99 的整数。此时需要对边界值进行测试, 边界值的定义是取稍高于或稍低于边界的数据, 那么在本例中 20 和 99 就是边界, 它们的取值见表 6-20。

表 6-20 边界值分析

输入条件	涉及边界值的地方	边界值分析法取值
20 ~ 99 的整数	边界为 20 和 99	19、20、21、98、99、100

从表 6-20 可以看到, 20 的边界取值有 19 和 21, 99 的边界取值有 98 和 100, 而 20 和 99 正处在边界的地方, 所以这两个值也要测试。

对于输入条件是在一个取值范围内, 而且取值范围带有小数的情况, 如取值范围是 10.00 ~ 60.00kg, 那边界值就应该取 9.99、10.00、10.01、59.99、60.00、60.01; 如果取值范围带有负数, 如取值范围是 –10 ~ 10 的整数, 那边界值就应该取 –9、–10、–11、9、10、11。

从本例可以发现, 对于输入条件是一个取值范围的, 只需要取边界左右两边的数据以及边界本身的值即可。

例2: 以普通用户注册这一功能需求为例来介绍, 如图 6-11 所示。

普通用户注册 [_____] 提交 (用户名由a~z的小写英文字母组成, 长度为6个字符)

■ 图 6-11 普通用户注册

从图 6-11 的需求文档中可以看到，输入条件涉及两个存在边界值的地方：一个是 a ～ z 的有序集合；另一个是用户名的长度范围为 6 位。那么对这两个地方都需要进行边界值的测试。对于输入条件为一个有序集合，边界值只需要取集合的第一个字符和最后一个字符即可；而对于输入条件是一个取值范围，则需要取边界左右两边的数据以及边界本身的值即可，本例具体的边界值取值见表 6-21。

表 6-21　普通用户名边界值

输入条件	涉及边界的地方	边界值分析法取值
用户名由 a ～ z 的小写英文字母组成	a ～ z 是有序集合，即用户名需要包含有 a 和 z 的字母	abcdez（包含 a、z 字符的）
长度为 6 个字符	用户名长度边界情况有：5 位、6 位、7 位	aaaaa（用户为 5 位的）
		aaaaaa（用户为 6 位的）
		aaaaaaa（用户为 7 位的）

例 3： 以高级用户注册这一功能需求为例，如图 6-12 所示。

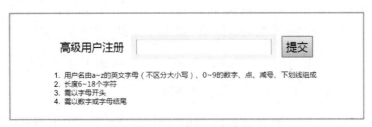

■ 图 6-12　高级用户注册

从图 6-12 的需求文档中可以看到，输入条件涉及 3 个边界的地方：第一个是 a ～ z 的有序集合；第二个是 0 ～ 9 的有序集合；第三个是用户名的长度范围是 6 ～ 18 位。那么对这 3 个地方都需要进行边界值的测试。对于它们的取值规则，在例 2 中已介绍过，不再重复，本例具体边界值取值见表 6-22。

表 6-22　高级用户名边界分析

输入条件	涉及边界的地方	边界值分析法取值
用户名由 a ～ z 的英文字母（不区分大小写）、0 ～ 9 的数字、点、减号、下划线组成	a ～ z 是有序集合，即用户名需要包含有 a 和 z 的字母	azang09.-_jianggg（包含 az 和 09）
	0 ～ 9 是有序集合，即用户名需要包含有 0 和 9 的数字	

输入条件	涉及边界的地方	边界值分析法取值
长度 6 ~ 18 个字符	用户名长度边界情况有：5 位、6 位、7 位、17 位、18 位、19 位	aaaaa（长度为 5 位的）
		zzzzzz（长度为 6 位的）
		bbbbbbb（长度为 7 位的）
		azang091-_jiangg（长度为 17 位的）
		azang091-_jianggg（长度为 18 位的）
		azang091-_jiangggg（长度为 19 位的）
以字母开头		
需以数字或字母结尾		

以上通过 3 个例子分析了当输入条件是一个取值范围或输入条件是一个有序集合时边界值的取值规则，但在实际工作中，分析需求文档时，应尽可能多地找出存在边界值的情况，而这些情况并不局限于本书以上介绍的几种情况。只有不断地尝试和探索，设计各种不同的边界值进行测试，才能从中积累经验，并找到更多更高效的测试规则和边界值分析方法。

6.2.3 错误推测法

错误推测法也是测试人员常用的测试方法之一，指的是测试人员凭借自己的直觉、测试经验、发散思维去设计一些容易导致软件出错的测试点。

错误推测法也可看作是对等价类划分法和边界值分析法的一个补充。接下来举例说明此方法的运用过程。

例： 以年龄输入框功能需求为例，如图 6-13 所示。

针对年龄输入框这个功能需求，上文已通过等价类划分法和边界值分析法分别设计出了相应的测试点。还有什么测试点可以使得这个输入框产生错误呢？根据经验，本书给出了除等价类划分法和边界值分析法外的 4 个测试点，它们分别是"超长混合字符串""全角字符串"、数字"0"以及单引号"'"，为什么会是这 4 个测试点呢？原因在于程序在处理"超长混合字符串"、"全角字符串"、数字"0"以及单引号"'"时极易出错。在这里请注意全角字符与半角字符的区别。那么在本例中错误推测法的取值见表 6-23。

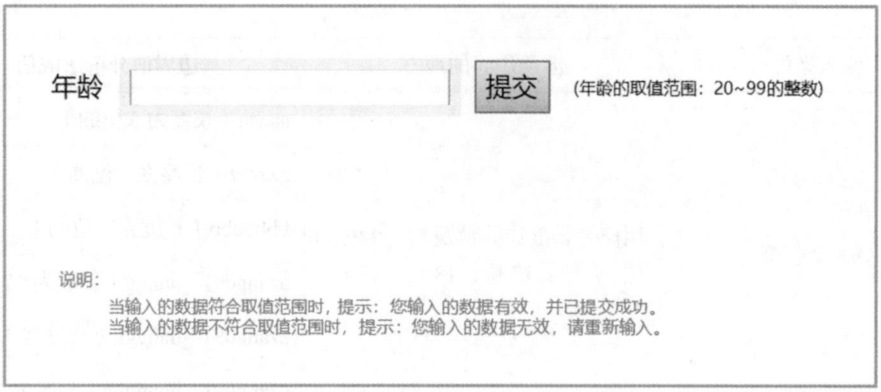

■ 图 6-13 年龄输入框

表 6-23 错误推测法

输入条件	错误推测法分析	错误推测法取值
20 ~ 99 的整数	在输入框中输入超长混合字符串时，程序可能会报错	1222229999999 城墙拉斯克大 098ALKDSJALSDJFlksdjfalsj!@#TRTRTRTRTRTRRRTTRTRTRR@$%^% 122222 城墙拉斯克大 ALKDSJALSDJFlksdjfalsj!@#@$%^% 122222 城墙拉斯克大 ALKDSJALSDJFlksdjfalsj!@#@$%^%
	在输入框中输入全角字符串时，程序可能会报错	@#￥#￥￥%1243235564SDFSDFG
	在输入框中输入数字"0"时，程序极易出错	0
	在输入框中输入单引号"'"时，程序极易出错	'

从表 6-23 可以看到，通过错误推测法又为年龄输入框设计出了 4 个测试点，那么这 4 个测试点也可以加入到整个测试用例中。

对初级软件测试人员而言，如何知道程序在处理哪些数据的时候容易出错呢？在一般情况下，程序在处理空格、空的、边界值、超长字符串、全角字符串、0 以及单引号等情况下较容易出错，另外，在工作中可根据自己的想象力，或是参考以往测试过的模块和设计过的测试用例，尽可能多地去设计出有可能让程序出现错误的测试点。

至此，已介绍完了在测试领域中常用的 3 种测试用例的设计方法，最后把这 3 种方法设计出来的测试点统一整理到一个表中，就变成了一个较为完整的测试用例了。这里以年龄输入框的需求文档为例进行测试点的整合，见表 6-24。

表 6-24　测试数据整合

输入条件	有效等价类取值	无效等价类取值	边界值取值	错误推测法取值
20 至 99 的任意整数	88	16	19	122222 城墙拉斯克大奖 ALKDSJALSDJF lksdjfalsj!@#@$%^% 122222 城墙拉斯克大 ALKDSJALSDJFlksdjfalsj!@#@$%^% 122222 城墙拉斯克大 ALKDSJALSDJFlksdjfalsj!@#@$%^%
		103	20	@# ￥# ￥￥%1243235564SDFSDFG
		1.2	21	0
		–6	98	'
		江楚	99	
		john	100	
		@#$%		
		空的		
		空格		

　　所有的测试点整合在一起是不是就够了呢？不是的，还有一个问题需要注意一下，这里面有些测试点可能是等价的，例如，有效等价类中的"88"与边界值法中"21"和"98"都在20～99的范围内，所以它们是等价的；又如，"16"和"19"都在小于20的等价类中；"100"和"103"都是大于99的等价类。那么如何选取呢，对初学者而言可以把靠近边界的值留下来，可以不用测试其他的等价数据。当需求文档相对复杂一点时，运用等价类划分法、边界值分析法以及错误推测法设计出的测试点可能某些是等价的，初级软件测试人员如果无法区分它们，暂可以将这些数据全部进行测试，待积累一定的经验后再合并或删减多余的测试点。

　　对于普通用户注册和高级用户注册这两个需求文档测试点的整合在这里不再重复描述，方法同年龄输入框一样，先把它们整理到一个表中，然后再合并或删除等价的测试点。整合完测试点后，就可以将其转化为测试用例了，到这里，已设计完成年龄输入框的测试用例。

6.2.4　正交表分析法

　　前面讲的 3 种用例的设计方法都是针对单个输入框进行的，但往往有些软件页面的输入框可能有 2 个、3 个甚至更多，那么对多个输入框又该如何测试呢？接下来举例说明这一情况以及解决办法。

例： 以下展示的是一个个人信息查询系统窗口，如图 6-14 所示。对于这个信息查询系统，只有当姓名、身份证号码、手机号码都输入正确时，系统才能执行查询工作。对于这样一个组合输入框，除了需要按照上文的用例设计方法来对每个输入框进行字符输入测试外，还需要针对这组输入框，进行各个输入框输入状态组合的测试。输入框输入状态即"填"与"不填"两种状态。

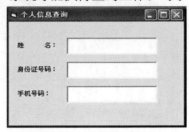

■ 图 6-14 个人信息查询

用户在使用这个查询个人信息模块时，会把这 3 个输入框的内容全部都输入吗？当然会的；那有没有用户只输入其中几个输入框，而其他输入框不输入信息呢？这样的用户也有。但作为测试人员无法预知用户到底会填哪些输入框，不填哪些输入框，所以测试人员需要把这 3 个输入框中任意一个输入框不填内容或填写内容的排列组合都罗列出来，然后对它们依次进行测试。对于本例，姓名、身份证号码、手机号码 3 个输入框，每个输入框 2 种状态（填或不填），一共有 8 种组合，一旦运用了本节介绍的正交表分析法，就可以将这 8 种组合压缩一下，从而达到用更少的测试用例去覆盖更复杂的测试点的作用。如果一个页面的输入框有几十个的话，那列举出来的测试点可能高达成百上千个，这对测试工作来说是不现实的。对于这种情况，正交表分析法就可以更好地解决这类问题，大大减少测试点。

正交表分析法是一种有效地减少用例设计个数的方法。如何减少用例设计的个数呢？测试人员需要根据实际的业务场景和组合特点进行算法设计，必要时还可以咨询开发人员，最终的目的就是选择一些典型的组合进行测试。如果把所有的组合情况都列举出来，人力和时间都是不够的，而且当中会产生很多冗余的用例。

表 6-25 是未使用正交表分析法设计出的测试点。

表 6-25　测试点 1（未使用正交表分析法）

姓名	身份证号码	手机号码
填写	填写	填写
填写	填写	不填写
填写	不填写	填写
填写	不填写	不填写

续表

姓名	身份证号码	手机号码
不填写	填写	填写
不填写	填写	不填写
不填写	不填写	填写
不填写	不填写	不填写

图 6-15 是通过正交小助手工具，利用正交表分析法设计出的测试点。

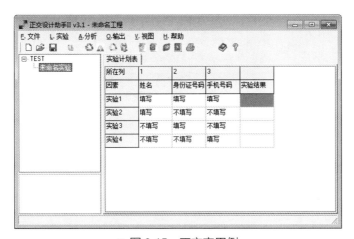

■ 图 6-15　正交表用例

基于图 6-15 的结果和实际经验，还可以补充一个正交表用例，即不填姓名、不填身份证号码、不填手机号码。最终生成本例的测试点见表 6-26 所示。

表 6-26　测试点 2（使用正交表法）

姓名	身份证号码	手机号码
填写	填写	填写
填写	不填写	不填写
不填写	填写	不填写
不填写	不填写	填写
不填写	不填写	不填写

从测试用例可以看出：如果按每个因素 2 个水平数来考虑的话，需要 8 个测试用例（见表 6-25），而通过正交实验法进行的测试用例只有 5 个（见表 6-26），大大减少了测试用

例数，从而实现用最小的测试用例集合去获取最大的测试覆盖率。

正交表分析法是利用正交表来设计输入组合的一种测试方法。正交表分析法是基于一定的算法得出的一个表，用来表明不同因素的状态组合。在本例中，使用正交设计助手这个软件来生成最适合的输入组合，使用它的步骤如下。

（1）首先确认好对软件运行结果有影响的因素，本例中的 3 个因素为姓名、身份证号码、手机号码。如图 6-16、图 6-17 所示。

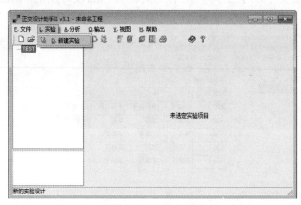

■ 图 6-16 新建实验

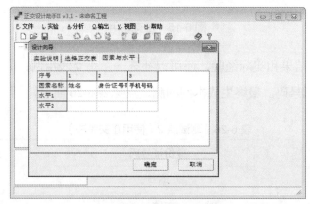

■ 图 6-17 因素与水平

（2）接着确认好因素的取值范围或集合，在本例中，它取值范围是"填"和"不填"，如图 6-18 所示。

（3）接下来选择正交表，如图 6-19 所示。这里选择了 L4_2_3，L4_2_3 代表的是 3 个因素，每个因素有 2 种水平（取值），选完之后单击确定就可以设计出 4 个测试用例来，如图 6-20 所示。

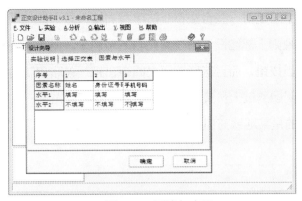

■ 图 6-18　因素与水平

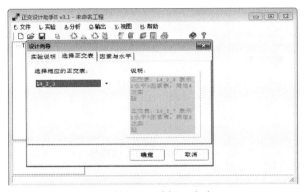

■ 图 6-19　选择正交表

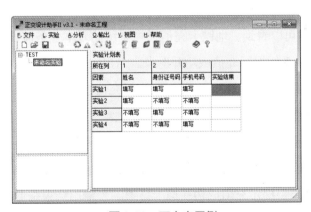

■ 图 6-20　正交表用例

随着工作能力的不断深入，即可根据自己的兴趣来了解正交表分析法的更多用法。

6.2.5　因果判定法

前面的 4 种方法主要是针对软件中存在单个或多个输入框来介绍的，可以说它们的业务逻辑都不是很强，主要是对一些合法和非法字符的输入做一些基本检查。测试人员只要掌握设计方法的基本规则，都能设计出较为完善的用例来。但在有些软件页面中，除了输入框之外，还存在各类按钮，而且这些按钮之间存在相互关联和制约的关系，且具有较强的逻辑性。对于这类问题测试人员又应如何测试呢？接下来先看一组需求说明的范例。

例1： 以下展示的是某地铁充值模拟系统的原型图及需求说明，如图 6-21 所示。

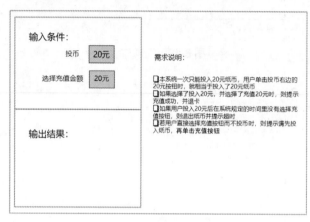

图 6-21　模拟充值系统

图 6-18 的充值系统很简单，但实际的充值系统没有这么简单，这里只是为了更容易理解因果判定法，所以稍做了一下简化。

从以上需求说明可以看到，地铁卡充值模拟系统的基本业务流程是，当投入 20 元，并选择充值 20 元时，系统提示充值成功并退卡。当投入 20 元后在系统规定时间里没有选择充值按钮，则退出纸币并提示超时。若直接选择充值按钮而不投入纸币，则提示请先投入纸币，再单击充值按钮。

从图 6-18 可以直接看出，地铁卡充值模拟系统有两个输入条件：第一个输入条件是投币 20 元；第二个输入条件是选择充值金额 20 元。而输出结果从需求说明可以看到有 3 个：第一个输出结果是提示充值成功并退卡；第二个输出结果是退出纸币并提示超时；第三个输出结果是提示请先投入纸币，再单击充值按钮。

接下来，测试人员应如何来测试这个充值模拟软件呢？这就需要运用到因果判定法来解决这个问题。通俗来讲，因果判定法一般主要应用于页面中各类按钮之间存在组合和制约的关系，测试人员需要去分析它们的因果对应关系，并最终去检查输出结果的正确性。

因果判定法需要进行以下几个步骤。

（1）明确所有的输入条件（因）。

（2）明确所有的输出结果（果）。

（3）明确哪些条件可以组合在一起，哪些条件不能组合在一起。

（4）明确什么样的输入条件组合可产生哪些输出结果。

（5）通过判定表展示输入条件的组合与输出结果的对应关系。

（6）根据判定表设计测试用例。

接下来，便可以按照以上 6 个步骤开展本例测试点的分析工作。

（1）找出地铁卡充值模拟软件的所有输入条件，并编号。

① 投币 20 元。

② 充值 20 元。

（2）找出所有输出结果，并编号。

A：提示充值成功并退卡。

B：退出纸币并提示超时。

C：提示请先投入纸币，再单击充值按钮。

（3）确定哪些输入条件可以组合在一起，哪些输入条件不能组合在一起。

条件①可以单独出现，也就是用户可以做只投币，不充值的操作。

条件②也可以单独出现，也就是用户可以做只充值，不投币的操作。

条件①和条件②可以组合在一起，也就是用户可以做先投币，后充值的操作。

在本例不存在输入条件不能组合的情况。

（4）明确什么样的输入条件组合可产生什么样的输出结果，如图6-22所示对应结果。

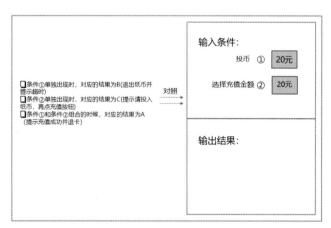

■ 图 6-22　条件组合

（5）通过判定表展示输入条件的组合与输出结果的对应关系，见表6-27。

表 6-27 判定表 1

组合情况 输入\输出		组合 1	组合 2	组合 3
输入条件	① 投币 20 元	只投币	不投币	即投币
	② 充值 20 元	不充值	只充值	又充值
输出结果	A：充值成功并退卡			充值成功并退卡
	B：退出纸币并提示超时	退出纸币并提示超时		
	C：请先投币再充值		请先投币再充值	

为了简便起见，可以用 T 或 F 来表示是否满足每一个输入条件：T 表示条件为真，执行这个输入；F 表示条件为假，不执行这个输入。当然也可以用 1 和 0 或 Y 和 N 来表示，1 代表执行，0 代表不执行；Y 代表执行，N 代表不执行。输出结果可以使用"✓"这个符号来表示，"✓"代表这个结果会出现。这样上面的判定表可以写成表 6-28 的格式。

表 6-28 判定表 2

组合情况 输入\输出		组合 1	组合 2	组合 3
输入条件	① 投入 20 元	Y	N	Y
	② 充值 20 元	N	Y	Y
输出结果	A：充值成功并退卡			✓
	B：退出纸币并提示超时	✓		
	C：请先投币再充值		✓	

（6）判定表分析完成后就可以根据判定表来写测试用例了，判定表中每一个组合就相当于一个测试点，有了测试点再转化测试用例就比较容易了，表 6-29 就是转化后的测试用例。

至此，本例中的地铁充值卡模拟系统的测试用例已设计完成，以上的分析过程相对来说比较简单，因为输入的条件比较少，所以组合的个数也不会太多。

例 2：以某地铁充值卡模拟系统为例，并多增加了两个输入条件以增加设计的复杂度，如图 6-23 所示。

表 6-29　依据判定表设计的测试用例

测试序号	测试模块	前置条件	测试环境	操作步骤和数据	预期结果	实际结果	是否通过	备注
1	地铁充值	网络正常	Windows 10系统操作，IE11 浏览器	（1）打开地铁充值模拟系统的界面（2）执行投币 20 元的操作，但在规定的时间内没有执行充值操作，然后观察系统的反应	系统会退出纸币，并提示超时			
2	地铁充值	网络正常	Windows 10操作系统，IE11 浏览器	（1）打开地铁充值模拟系统的界面（2）不执行投币 20 元的操作，直接执行充值 20 元的操作，然后观察系统的反应	系统提示：请先投入纸币，再单击充值按钮			
3	地铁充值	网络正常	Windows 10操作系统，IE11 浏览器	（1）打开地铁充值模拟系统的界面（2）执行投币 20 元的操作，接着执行充值 20 元的操作，然后观察系统的反应	系统提示充值成功并退卡			

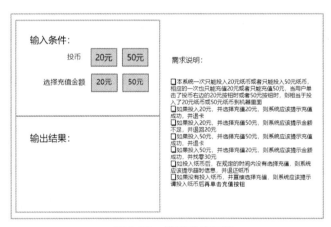

图 6-23　模拟充值系统

从图 6-23 可以看到，需求文档对输入条件和输出结果都描述得很清楚，接下来就可以按因果判定法的流程直接分析此地铁充值卡模拟系统的测试点。

（1）找出地铁充值卡模拟软件的所有输入条件，并编号。

① 投币 20 元。

② 投币 50 元。

③ 充值 20 元。

④ 充值 50 元。

（2）找出所有输出结果，并编号。

A：系统提示充值成功，并退卡。

B：系统提示金额不足，并退回 20 元。

C：系统提示充值成功，并找零 30 元。

D：系统提示超时信息，并退还纸币。

E：系统提示请先投入纸币，再单击充值按钮。

（3）确定哪些输入条件可以组合在一起，哪些输入条件不能组合在一起。

可以进行组合的情况如图 6-24 所示。

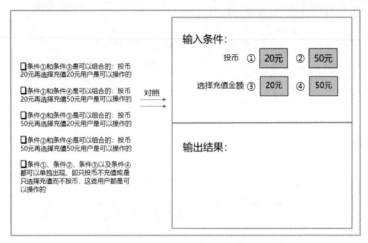

■ 图 6-24　条件组合的情况

不能进行组合的情况如图 6-25 所示。

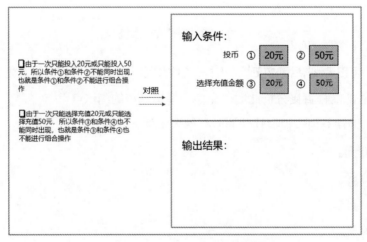

■ 图 6-25　条件不能组合的情况

（4）明确什么样的输入条件组合可产生什么样的输出结果，图 6-26 所示为组合与结果的对应关系。

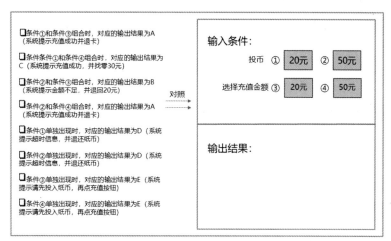

■ 图 6-26　组合与结果的对应关系

（5）通过判定表展示输入条件的组合与输出结果之间的对应关系，见表 6-30。

表 6-30　判定表 3

输入 \ 输出	组合情况	组合 1	组合 2	组合 3	组合 4	组合 5	组合 6	组合 7	组合 8
输入条件	① 投币 20 元	Y	Y	N	N	Y	N	N	N
	② 投币 50 元	N	N	Y	Y	N	Y	N	N
	③ 充值 20 元	Y	N	Y	N	N	N	Y	N
	④ 充值 50 元	N	Y	N	Y	N	N	N	Y
输出结果	A：提示充值成功，并退卡	✓			✓				
	B：提示金额不足，并退回 20 元		✓						
	C：提示充值成功，并找零 30 元			✓					
	D：提示超时信息，并退还纸币					✓	✓		
	E：提示请先投入纸币，再单击充值按钮							✓	✓

（6）判定表分析完成后就可以根据判定表来写测试用例了。有了判定表写测试用例就比较容易了，由于例 1 已展示过用例的转化过程，这里不再重复。

基于例 1 和例 2 的分析过程，有几点说明，具体如下。

（1）在很多的资料中因果判定法采用了画图的方式去展示条件与条件之间的制约关系，但画图的方式太麻烦，对初学者而言并不适用。

（2）找准每个有效组合及其对应的输出结果（也就是因果关系），排除不能组合的情况，这一点是因果判定法的关键。如果分析错了，就会得出错误的测试结果。

（3）如果一个页面中存在多个控件，并且这些控件之间存在相互制约的关系，就可以使用因果判定法去解决这类问题。

至此，功能测试的 5 种常用用例设计方法已介绍完成，结合前面的章节，相信大家对软件测试用例设计的方法已有了一个初步的了解和认识。

其实，在功能测试中还有一些其他用例设计方法，本书中暂没有提到，一方面是因为有些方法的算法相对复杂，另一方面是因为初级软件测试人员没有太多的工作经验，讲多了反而会混淆视听。所以对于初级软件测试人员来讲，除了能应用已讲的 5 种方法外，更多地需要在测试工作中去积累经验，并利用自己的逻辑推理和发散思维来设计测试用例，这才是明智之举，随着测试的不断深入，慢慢就会积累测试用例设计方法的技巧和经验。

6.3　用例设计的基本思路

在实际工作中，稍微大型一点的软件系统一般都包括用户注册、登录、搜索以及附件上传等常见模块。本节就以这些模块为例，结合已介绍过的用例设计方法来分别讲解这些模块的设计思路。

6.3.1　QQ 邮箱注册模块

由于 QQ 邮箱大家都比较熟悉，其用户体验也做得很好，接下来就以 QQ 邮箱注册模块（简化版）为例来分析一下它的测试思路，如图 6-27 所示。

■ 图 6-27　QQ 邮箱注册

一│此注册模块的需求文档

邮箱名：由 3 ～ 18 个英文字符、数字、点、减号、下划线组成。

昵称：中英文字符，不能为空。

密码：长度为 6 ~ 18 位，不能为空，至少包括英文、数字、符号中的 2 种。

二 | 基本功能的测试点分析

从图 6-27 可以看到 QQ 邮箱的注册页面为 3 个字符输入框。上文介绍过对于多个输入框的测试可以采用正交表法。基于正交表的设计思想，可以设计出以下组合的测试点，见表 6-31。

表 6-31　用户名正交表

邮箱名	昵称	密码
正确	正确	正确
正确	错误	错误
错误	正确	错误
错误	错误	正确
错误	错误	错误

针对每一个输入框，还需要利用等价类划分法、边界值分析法以及错误推测法设计正确和错误的测试数据分别对邮箱名、昵称、密码输入框进行测试。

实际工作中，可以将输入框测试的测试数据合理地设计到表 6-29 中，即在利用正交表测试输入框组合时，同时进行输入框测试。

例如，对于表 6-31 中的第二行组合，需要输入正确的邮箱名、错误的昵称、错误的密码。那么这个正确邮箱名的测试数据，可以从邮箱名的有效等价类中选一个（如 test_123-a@qq.com）；错误昵称的测试数据，可以从昵称的无效等价类中选一个（如 @@@）；同理，错误密码的测试数据，可以从密码的无效等价类，或者从边界值中不符合需求的测试数据中选取（如取五位密码 12345），那么第二行组合的用例可以设计为表 6-32，这样，在进行组合测试时，就已经对每个输入框的某些测试点进行了测试。

由于在前面的章节中已介绍了对于单个输入框是如何通过有效等价类取值、无效等价类取值、边界值取值、错误推测取值来整合测试点和测试用例，在这里就不再重复。

在本例中，QQ 邮箱注册模块的功能测试用例其实就是将邮箱名的用例、昵称的用例、密码的用例合理地组合起来，通过表 6-32 的组合设计，覆盖所有的测试点。本测试用例的设计主要考察测试人员对常用用例设计方法的运用能力。

表 6-32　QQ 邮箱注册模块测试用例

测试序号	测试模块	前置条件	测试环境	操作步骤和数据	预期结果	实际结果	是否通过	备注
1	邮箱注册	网络正常	Windows 10 操作系统，IE11 浏览器	（1）通过 http://mail.***.com 打开邮箱注册页面 （2）输入正确的用户"test_123-a@qq.com"，输入错误的昵称"@@@"，输入错误的密码"12345" （3）单击注册按钮，查看是否注册成功	（1）邮箱注册页面可以正常打开 （2）用户名、昵称和密码可以正常的输入 （3）昵称、密码输入框给出错误提示，邮箱注册失败			

6.3.2　QQ 邮箱登录模块

登录操作是 QQ 邮箱最常用的功能之一，使用 QQ 邮箱首先要登录，登录成功才能对邮箱系统进行操作。接下来本书就以 QQ 邮箱的登录模块（简化版）为例来分析一下它的测试思路，如图 6-28 所示。

■ 图 6-28　QQ 邮箱登录

一｜登录模块的需求文档

账号：由 3 ~ 18 个英文字符、数字、点、减号、下划线组成。

密码：6 ~ 18 位，不能为空，至少包括英文、数字、符号中的 2 种。

二 | 基本功能的测试点分析

图 6-28 可以看到 QQ 邮箱的登录页面主要由用户名和密码这两个输入框组成，同样可以利用正交表分析法来设计。表 6-33 列出了用户名和密码输入框的各种测试组合。

表 6-33 用户名密码组合

用户名	密码
正确	正确
正确	错误
错误	正确
错误	错误

（1）测试输入正确用户名和正确密码的组合：可以在用户名的有效等价类中选择一个正确的用户名作为测试数据，在密码输入框中输入与用户名对应的一个正确密码。

（2）测试输入正确用户名和错误密码的组合：可以在用户名的有效等价类中选择一个正确的用户名作为测试数据，同理从密码的无效等价类、边界值分析法和错误推测法中选择不符合需求文档或错误的密码作为测试数据。

（3）测试输入错误用户名和正确密码的组合：可以在密码的有效等价类中选择一个正确的密码作为测试数据，然后从用户名的无效等价类、边界值分析法和错误推测法中分别选择不符合需求的用户名或与密码不匹配的错误用户名作为测试数据。

（4）测试输入错误用户名和错误密码的组合：可以从用户名、密码的无效等价类，边界值分析法和错误推测法中分别选择不符合需求的用户名和密码作为测试数据。

由于在前面的章节中已讲过对单个输入框如何通过有效等价类取值、无效等价类取值，边界值分析法取值、错误推测法取值来整合测试点和测试用例，这里不再重复。

在本例中，QQ 邮箱登录模块的功能测试用例就是将用户名的用例、密码的用例合理地组合起来，通过表 6-33 的组合设计，覆盖所有的测试点。本例的用例设计主要考察测试人员对常用用例设计方法的运用能力。

6.3.3 QQ 邮箱邮件搜索模块

搜索功能也是 QQ 邮箱比较常用的功能，对搜索模块来说，测试人员又该如何测试呢？接下来就以 QQ 邮箱的搜索模块（简化版）为例来分析一下搜索模块的基本测试思路，如图 6-29 所示。

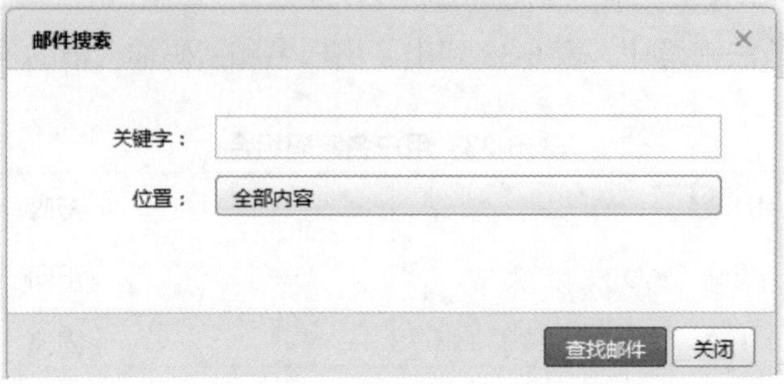

■ 图 6-29　邮件搜索

一 | 关键字搜索的需求文档

（1）支持模糊匹配和完全匹配、支持搜索框记忆功能、支持全角搜索、不支持同音字或错别字搜索、不区分字母大小写、支持特殊符号的搜索、支持常用快捷键、支持含有空格的搜索、支持中英文数字的混合搜索、不输入任何字符搜索时则显示全部内容、支持超长字符串搜索。

（2）没有限定关键字的长度。

（3）搜索的位置：全部内容，包括邮件地址、邮件标题、正文、附件名、草稿箱、发件箱等。

二 | 基本功能的测试点分析

本例需求的细节项较多，那么测试人员就需要针对这些细小的需求项进行用例设计；其次搜索框毕竟还是一个输入框，所以对各种字符的处理能力也是测试的一个关键。对搜索输入框设计测试用例的思路，可以借鉴前面学习过的字符输入框对字符的处理过程。接下来，本书列举了搜索框常见的测试点，以下的测试点都是初级软件测试人员能理解的。

第一，正常情况下的搜索。

（1）把邮件地址的部分内容或全部内容（模糊匹配和完全匹配）作为关键字进行搜索，可搜索出内容。

（2）把邮件主题的部分内容或全部内容（模糊匹配和完全匹配）作为关键字进行搜索，可搜索出内容。

（3）把邮件正文的部分内容和全部内容（模糊匹配和完全匹配）作为关键字进行搜索，可搜索出内容。

（4）把附件名称的部分内容和全部内容（模糊匹配和完全匹配）作为关键字进行搜索，可搜索出内容。

（5）输入不存在的内容进行搜索，搜索结果为空。

（6）搜索结果为空时应给出相应提示。

（7）输入曾搜索过的关键字进行搜索时，搜索框应该给出记忆的功能。

第二，各种异常情况下的搜索。

（1）不输入任何字符进行搜索，显示为全部内容。

（2）搜索的关键字中包含全半角混合字符，可以搜索出内容。

（3）搜索的关键字中包含有同音字或错别字，不能搜索出内容。

（4）搜索的关键字中包含各类特殊符号，可以搜索出内容。

（5）搜索的关键字中包含大小写字母，可以搜索出内容。

（6）搜索的关键为中文英文数字混合并且每个字符的前后都加了空格，可以搜索出内容。

（7）输入关键字为"0"进行搜索，可以搜索出内容。

（8）关键字中带有单引号进行搜索，可以搜索出内容。

（9）输入超长字符串进行搜索，可以搜索出内容。

第三，测试搜索框对快捷键的支持。

（1）在输入结束后，按"Enter"键后系统应该可以进行搜索处理。

（2）支持使用"Tab"键。

（3）支持"Ctrl+C""Ctrl+V"组合键。

第四，可以尝试一下随意性的、无规则的测试（也叫探索性测试），因为无规则的测试也可能会发现软件中的一些 Bug。

在本例中，QQ 邮箱搜索模块的功能测试用例就可以依据以上四部分用例的测试思想进行设计。

对于一个初级软件测试人员，由于受经验和技术所限，刚开始可能无法设计出那么多的用例，这个很正常，最重要的一点是找准搜索框的需求文档并尽可能地去挖掘更多的需求细节（或向产品经理去求证更多的需求细节），然后再针对这些需求细节才能设计出更为完整的用例来，所以挖掘需求细节是一个初级软件测试人员能设计好测试用例的一个重要因素。

那么本例的测试用例设计主要考察测试人员发散思维能力和挖掘需求的能力。

6.3.4　QQ 邮箱附件上传功能

附件上传也是 QQ 邮箱比较常用的功能，那么测试人员该如何对附件上传进行测试呢？接下来还是以 QQ 邮箱的附件上传模块（简化版）为例分析一下其基本的测试思路（只测附件上传功能），如图 6-30 所示。

■ 图 6-30　写信界面

一 | 附件上传的需求文档

（1）用户上传的文件可包含图片格式的文件、常见的文档、压缩文件这 3 类，见表 6-34。

表 6-34　附件文件的规格说明

文件类别	文件格式
图片文件	.jpg、.gif、.png、.bmp
常见的文档	.txt、.doc、.docx、.xls、.xlsx、.ppt、.pptx、.pdf
压缩文件	.rar、.zip

（2）用户一次最多可上传 10 个附件，单个附件的容量不能超过 1GB，多个附件的容量不能超过 5GB。

二 | 基本功能的测试点分析

对于本需求，可以按有效等价类划分法、无效等价类划分法、边界值分析法、错误推测法这 4 种方法来设计测试用例，以下给出附件上传的常见测试点。

第一，有效等价类划分法的测试点有以下几个。

（1）分别单个上传所有格式的文件，且附件容量都是在 1GB 以内时，可上传成功。

（2）上传多个不同格式的附件（10 个以内）并且附件总容量在 5GB 以内时，可上传成功。

（3）可以删除上传成功的文件。

（4）文件上传失败后，需给出正确合理的提示信息。

第二，无效等价类划分法的测试点有以下几个。

上传需求文档规定以外的格式文件（如 .html、.tif、.mp3、.avi、.iso 等）时，均不可上传成功。

第三，边界值分析法的测试点有以下几个。

（1）可以上传 0KB 的附件。

（2）可以上传一个 1GB 以内的附件。

（3）可以上传 9 个不同格式的 5GB 以内的附件。

（4）可以上传 10 个不同格式的 5GB 以内的附件。

（5）不可以上传 11 个不同格式的 5GB 以内的附件。

（6）可以上传一个 0.99GB 的附件

（7）可以上传一个 1GB 的附件。

（8）不可以上传一个 1.01GB 的附件

（9）可以上传多个不同格式的（10 个以内）4.99GB 的附件。

（10）可以上传多个不同格式的（10 个以内）5GB 的附件。

（11）不可以上传多个不同格式的（10 个以内）5.01GB 的附件。

备注：第一部分和第三部分测试点中如有重复的测试点需要在后期设计用例的时候进行合并。

第四，错误推测法的测试点有以下几个。

（1）不可以一次上传大批量文件（超过 10 个）。

（2）上传木马文件是否可检测（需要视需求而定）。

（3）上传可执行的文件（以 .exe 结尾的文件）是否可检测（需要视需求而定）。

（4）不可以上传超大容量文件（超过 10GB）。

（5）如果存在已上传的同名文件，再次上传，检查文件能否正常上传（需要视需求而定）。

（6）是否可上传超长文件名的文件（需要视需求而定）。

（7）是否可上传一个正在打开的文件（需要视需求而定）。

（8）上传过程中网络中断后又恢复，是否可以接着之前的继续上传（需要视需求而定）。

（9）是否可以上传文件名包括特殊字符的文件（需要视需求而定）。

（10）是否可以上传文件名中包括中英混合字符的文件（需要视需求而定）。

（11）上传多个文件的过程中，一部分文件被删除或被重命名，是否会影响正在上传的文件（需要视需求而定）。

（12）上传文件的路径是否可手动进行输入（需要视需求而定）。

（13）检查文件上传的响应时间是否正常（是否符合需求规定）。

第五，最后测试人员一样可以尝试一下随意性的无规则测试。

这些测试点写出来之后，相信初学者都能看得懂，大体也知道如何利用以上的测试点去设计用例。对于第四部分中出现了几个视需求而定的测试点，这是因为在本例的需求文档中并没有对这些测试点给出明确的规格说明。在实际工作中，经常也会遇到需求文档对需求项的细节描述不是很详细的情况，很多隐含的需求在需求文档中并没有体现出来。在这种情况下，一方面要求测试人员在评审需求文档的时候更仔细一点，另一方面在设计测试用例或测试软件的过程当中要随时同产品经理或自己的领导沟通，找出这些隐含的需求标准，这样才能保证自己设计出来的用例覆盖面会更全面一些。初级软件测试人员由于相关的测试经验较少，如何去找这些隐含的需求呢？作者建议初学者可以从以下三方面入手。

（1）要紧扣需求文档，挖掘需求细节，并针对这些需求细节进行用例设计。

（2）除了应用所学习过的用例设计方法外，测试人员还应充分利用自己的发散能力和逻辑推理能力来设计，因为人的思维是开放的。

（3）想要更快地获取更多的测试思想，比较直接的办法就是通过互联网来获取相应的资料（因为常见功能点的测试网上几乎都有而且很全面），以此来充实自己的基础测试能力，并扩充视野。

（4）多与测试人员、开发人员、产品人员交流，多看测试人员之前写过的测试用例和相关文档。

本例的用例设计主要考察测试人员对用例设计方法的运用能力以及测试人员的发散思维能力和挖掘需求的能力。

6.4　测试用例的评审

测试人员依据需求文档将测试用例设计完成后，如何确保设计的测试用例是正确无误的呢？这里有一个很重要的任务就是进行用例评审，通过对测试用例的评审以确保用例是全面的、正确的、没有冗余的。

6.4.1　如何评审测试用例

测试用例的评审严格来讲是需要项目组的全体人员都参与的，但在实际工作中，一般都是只有本项目组的测试人员参与评审。评审测试用例前，测试人员会将自己编写的测试用例以文档的形式提前发送给测试组的全体成员，测试组的其他人员各自以文档批注的形式进行反馈或是由测试经理召开用例评审大会，以会议的形式进行评审。评审完成后，测试人员会依据其他测试人员的评审建议和意见进行修改。

一般情况下，测试人员会从以下几个方面对测试用例进行评审。

（1）测试用例是否是依据需求文档编写的。

（2）测试用例中的执行步骤、输入数据是否清晰、简洁、正确；对于重复度高的执行步骤，是否进行了简化。

（3）每个测试用例是否都有明确的预期结果。

（4）测试用例中是否存在多余的用例（无效、等价、冗余的用例）。

（5）测试用例是否覆盖了需求文档中所有的功能点，是否存在遗漏。

每个项目组评定测试用例的标准可能不尽相同，但最终的目的都是让测试用例变得简洁、全面，使测试人员执行用例时更具有针对性，更能发现问题。

6.4.2　用例设计结束的标准

当测试用例通过测试组的评审后，用例设计的工作是不是就结束了？答案是否定的，因为测试用例是依据需求文档编写的，在一定程度上限制了测试人员的想象力，但当测试人员接触了实际开发出来的软件时，便有了更多操作和想象的空间，那么在这个过程中会存在修改和增加用例的可能，另外在软件开发的过程中也可能会因某种原因新增或变更了一些需求细节，这个过程也存在修改用例的可能性。所以在产品上线前，测试人员需要一直维护测试用例。

6.5 本章小结

6.5.1 学习提醒

设计测试用例是测试人员最重要的工作之一。测试用例作为测试工作的核心文档，将全面指导测试人员的测试执行工作。

本章使用了大篇幅的内容和例子介绍测试用例的由来、格式、作用、设计方法、测试思路、用例评审等，目的就是让初级软件测试人员能够尽快进入测试工作流程。

初级软件测试人员在入职后，其设计测试用例的能力还相对薄弱，前期可以先从简单的模块开始尝试设计测试用例，或是从执行已有测试用例开始，待慢慢熟悉了业务后，再来承担测试用例的设计工作。在实际工作中，测试经理会根据每个人的能力安排相应的工作。

注意：功能测试的用例设计方法和黑盒测试的用例设计方法是同一含义。

6.5.2 求职指导

一 ▎ 本章面试常见问题

问题1： 测试用例是你自己写的吗（或是问你是否写过测试用例）？

参考回答：我写过测试用例，一般情况下，我们项目组的测试用例都是各自负责各自模块的用例设计及维护工作，谢谢。

问题2： 测试用例是根据什么来编写的?

参考回答：测试用例都是根据需求文档来写的，谢谢。

问题3： 你们是用什么工具来写测试用例的?

参考回答：一般情况下我们都是用 Excel 表格来写测试用例的，谢谢。（当然有些公司可能是用自己开发的工具来编写，不管是什么工具来写，写测试用例的步骤和原则是不会变的。）

问题4： 你是怎么设计测试用例的（或是问测试用例是怎么写的）？

参考回答：我觉得设计一个功能模块的测试用例主要是基于几个方面，首先最主要的还是需要参考需求文档，然后尽量挖掘出更多的需求细节进行用例设计；第二，需要凭自己的一些测试经验和常识来设计；第三，可以参考其他同事曾写过的测试用例；第四，可以通过网上的资料做一些补充。基本上我会从这些方面进行用例设计的工作，谢谢。

问题 5： 测试用例包括哪些元素（或测试用例包括哪些字段，或测试用例包括哪些属性）？

参考回答：请参考 6.1.1 节的内容。

问题 6： 测试用例有哪些设计方法，每个方法的概念是什么，每种方法可否举个例子？

参考回答：请参考 6.2 节的内容。

问题 7： 测试用例是如何评审的？

参考回答：请参考 6.4.1 节的内容。

问题 8： 如何保证测试用例的质量（或什么样的用例才称得上是一个好的用例）？

参考回答：我觉得可以从以下几个方面来保证测试用例的质量。

第一，要确保测试用例是针对需求文档编写出来的，要确保测试点能覆盖到所有需求点。

第二，要保证操作步骤、具体数据以及预期结果的清晰性、简洁性、明确性，以确保测试用例的可操作性和可复用性（可复用性举例：如测试新版本的时候可直接利用旧版本的测试用例）。

第三，确保有足够多的异常测试用例（如无效等值类的测试点），同时要确保没有多余的重复用例。

第四，对测试用例进行评审。

基本上，我会从以上 4 个方面来确保测试用例的质量，谢谢。

问题 9： 如果没有需求文档，直接给你待测软件，你将如何开展测试工作？

参考回答：第一，我会大体地测试一下软件，对于如边界值、输入数据类型等需求不明确的问题集中反馈给产品经理，待产品经理给出相应的标准后再设计用例。

第二，在测试软件的过程中，如发现有些功能模块需求非常不明确，甚至影响到用户对产品功能的正确使用，对于这类重大问题，我会及时反馈给测试经理，然后协助其来解决这类问题。

第三，我会积极参加项目的各种讨论会议；查看已有的测试用例、Bug 库中已有的Bug、已有的用户手册和帮助文档；咨询产品人员并尽可能多地了解相关的需求信息，并以此为基础来设计测试用例。

第四，可以参考软件的功能直接设计用例，然后提交给测试组（必要的情况下可以提交给整个项目组）进行评审，以得到统一的意见。

基本上，我会从以上几个方面来开展测试工作并设计测试用例，谢谢。

二 | 面试技巧

初级软件测试人员去面试时，如果有笔试的话，那么笔试当中可能会有设计测试用例的题目，以下的问题在笔试当中经常出现。

题目： 请设计 ATM 取款机的测试用例（或者是请设计 ATM 取款机的测试点）。

分析：这个题目考察的就是测试人员的发散能力和场景想象能力。对于初级软件测试人员而言可以通过以下三步来设计用例。

第一步，根据自己的想象能力和记忆能力列举出 ATM 取款机所有的功能点。例如常见的功能点有插卡或退卡、密码输入或修改、余额查询、取款、存款、转账等功能点，能想象出来的功能点越多越好。这样在回答本题时就能够说明测试工作做得很详细，测试点覆盖得很广。

第二步，根据自己操作 ATM 取款机的经验，分别制定出每个功能点的需求文档。例如插卡功能的需求文档：只接受带有银联标识的银行卡；密码修改的需求文档：只允许输入 6 位数字；取款的规格：一次最多可取 5 000 元。凭自己的想象能力把所有的功能点的需求文档全部制定出来。

第三步，有了需求文档就可以利用前面所学的用例设计方法和发散思维来设计测试用例了。

类似笔试的题目还有很多，常见的有：请设计自动售票机的用例、请设计纸杯的用例、请设计三角形的用例等。建议大家面试前先做一遍，然后结合网上的参考资料尽量整理出较全的测试点来，有了这些经验之后再去面试，成功的概率就会高很多。

最后请大家注意：笔试的时候，如果对测试用例的格式没有特别要求的话，大家可以直接设计测试点，毕竟如果按测试用例格式做答的话会影响答题时间，当然如果要求用测试用例格式回答的话，则请按要求答题。

第7章 了解测试环境

当设计的测试用例通过评审后，测试人员会依据测试用例来测试开发人员开发出的软件系统，那待测的软件系统一般会部署在哪里呢？一般而言，测试人员并不会在开发人员的开发环境中去测试待测试的软件，而是将待测试的软件系统单独地部署在一个独立于开发环境的测试环境中。这是因为，当开发人员把软件系统开发完成后，还会继续对软件系统的代码进行优化和调试，此时如果测试人员在同一环境里对同一套软件系统进行测试的话，势必会产生冲突。为什么开发和测试在同一环境内工作就会冲突呢？原因在于开发人员在调试代码时会影响测试人员测试的结果，而测试人员在测试软件时也会影响开发人员对代码的调试。所以说开发人员和测试人员在同一环境内共用一套系统工作并不合适。为了解决这个问题，就需要重新搭建一套软件系统供测试人员专门进行测试，这样开发人员和测试人员的工作就不会互相影响了。本章介绍的主要内容就是测试人员如何在测试环境里部署待测试的软件系统，在测试领域，把在测试环境部署待测软件系统的过程称为测试环境的搭建。

7.1 了解 B/S 结构软件的环境搭建

一般情况下，软件系统有两种常用的结构，一种是浏览器 / 服务器（Browser/Server，B/S）结构的软件系统，另一种是客户端 / 服务器（Client/Server，C/S）结构的软件系统。B/S 结构的软件系统是当今应用软件的首选架构，初级软件测试人员接触最多的，而且首要了解的就是 B/S 结构的软件系统。接下来本书就来讲解 B/S 结构软件和 C/S 结构软件的环境搭建过程。

7.1.1 了解 B/S 结构软件的概念

B/S 全称 Browser/Server，即浏览器 / 服务器，简单一点说就是使用浏览器访问服务器的模式。举个例子，用户要打开新浪首页，那么用户首先要打开浏览器，然后通过浏览器向新浪服务器发送请求，如图 7-1 所示。

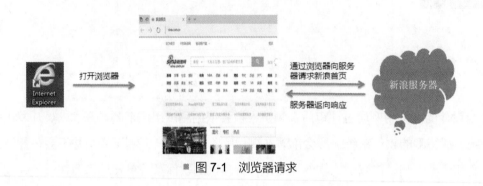

■ 图 7-1　浏览器请求

常用的新浪网、搜狐网、网易、淘宝网、腾讯网等凡是通过浏览器打开的网站都可称为 B/S 结构软件。因为它们都是通过浏览器来访问服务器的。

7.1.2　了解 B/S 结构软件的工作过程

简单来说就是用户通过浏览器向服务器发送请求，服务器接收并处理用户的请求，并把处理后的结果返回给浏览器，用户通过浏览器解析查看服务器返回的资源信息。

以下展示的是某公司的一个 B/S 结构的软件系统，如图 7-2 所示。

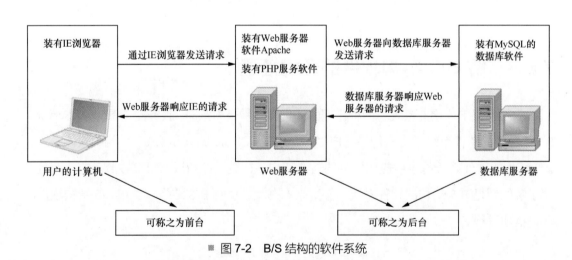

■ 图 7-2　B/S 结构的软件系统

对于初级软件测试人员而言，这张图的内容似乎有些复杂，但其实很简单，下面本书就来具体分析一下这套 B/S 结构的软件系统的大体工作流程。

（1）用户的计算机中装有 IE 浏览器，用来向 Web 服务器发送请求。

（2）Web 服务器也是一台计算机，它里面装有 Web 服务器软件 Apache。Apache 是做什么的呢？它用来接收浏览器发送过来的请求，如发现浏览器发送过来的请求是自身可以处理的，则由 Apache 自身处理这个请求，并把处理后的结果返回给浏览器。

（3）Web 服务器中的 PHP 服务软件是用来做什么的呢？Apache 接收到浏览器的请求后如发现自身处理不了该请求，Apache 就会把这一请求任务分配给 PHP 服务软件来完成。PHP 服务软件接收到这一请求后首先会检查这一请求的合法性，如不合法则向 Apache 返回错误信息，再由 Apache 把错误信息返回浏览器。如这一请求是合法的，则由 PHP 服务软件来处理。如处理这一请求的过程中发现需要 MySQL 数据库来协助，则由 PHP 服务软件和 MySQL 数据库软件共同完成，请求处理完成后由 PHP 服务软件把处理后的结果反馈给 Apache，再由 Apache 把处理后的结果反馈给浏览器。

（4）数据库服务器也是一台计算机，它里面装有 MySQL 数据库软件，MySQL 数据库是用来存放和校验数据的，涉及数据处理的请求就会由数据库软件来完成。

例如，用户想打开一个静态网页，便在网页地址栏中输入该静态网页的地址后按"Enter"键，此时，这一请求就会通过浏览器发送给 Web 服务器，并由 Web 服务器软件 Apache 负责接收。Apache 在接收到这一请求后发现该请求自身可以完成，就会在 Web 服务器上查找浏览器所请求的网页，若找不到这个网页，则向浏览器返回错误信息；若找到了这个网页，则把该网页返回浏览器，此时不需要经过 PHP 服务软件和数据库服务器。

又如用户打开某网页登录页面后想做一次登录操作，于是输入了用户名和密码，并单击登录按钮。单击登录按钮就是通过浏览器给服务器发送一个登录请求的过程，此时这一登录请求通过浏览器发送给了 Web 服务器，也等于说发送给了 Apache。Apache 接收到请求后发现这个登录请求涉及数据提交，它自己处理不了，此时 Apache 就会把这一任务分配给 PHP 服务软件来处理。PHP 服务软件收到登录的请求后首先会检查这一请求的合法性，如合法则继续处理，在处理的过程中会把这一请求中的用户名和密码送到 MySQL 数据库中去校验，接着便由 MySQL 数据库对用户名和密码进行检验，并把校验后的结果反馈给 PHP 服务软件，再由 PHP 服务软件把结果返回 Apache，最后由 Apache 把登录页面返回浏览器（也就是反馈给用户）。

以上介绍的就是一个三层结构的 B/S 结构的软件系统（浏览器→Web 服务器→数据库服务器），在实际工作中，每个项目中的 B/S 结构会不尽相同，后台服务器中所安装的软件和配置也不尽相同，这里就不做过多介绍了。通过此例的介绍，只是希望初级软件测试人员能对 B/S 结构的软件系统建立起一个初步的概念。

7.1.3 了解 B/S 结构软件的环境搭建

从图 7-2 中可以看到 B/S 结构的软件系统分为前台和后台两部分，那么其环境的搭建也分为两部分，一是前台环境的搭建，二是后台环境的搭建。

一 | 前台环境的搭建

前台环境的搭建由测试人员进行，相对而言它是非常简单的，前台的计算机只需要安装一个桌面版的操作系统（常见的桌面版的操作系统有 Windows XP、Windows 7、Windows 10 等），并在操作系统上安装一个 IE 浏览器即可，而浏览器往往都不需要安装，因为操作系统上都自带浏览器。测试时测试人员只需要通过浏览器打开要测试的软件系统（其实就是打开一个网站）就可以了。所以对于初级软件测试人员而言，应具备以下技能。

（1）能熟练地安装和使用前台桌面版的操作系统（如 Windows XP、Windows 7、Windows 10 等）。初级软件测试人员大部分的测试工作都是在 Windows 桌面版的操作系统里开展的，所以需要掌握对操作系统的安装和使用的基本知识，否则测试工作无从谈起。

（2）能熟练安装和使用常见的浏览器。常见的浏览器有 IE 系列、Google 的 Chrome 浏览器、火狐浏览器（Mozilla Firefox）、360 浏览器、QQ 浏览器、搜狗浏览器等。测试 B/S 结构的软件系统时，初级软件测试人员大部分的测试用例都是在浏览器上（C/S 结构的软件系统除外）执行完成的，所以初级软件测试人员需要掌握各种浏览器的安装和使用技巧。另外，网页的兼容性测试（也称 Web 的兼容性测试）也需要在不同的浏览器上完成。

（3）能熟练安装和使用虚拟机软件。对于虚拟机软件，初级软件测试人员在入职前可能少有接触，但在入职后会经常用到。虚拟机有什么作用呢？通俗来说，它可以把一台计算机变成两台或多台计算机来使用。常用的虚拟机软件有 VMware Workstation，它是 VMware 公司推出的一款虚拟机软件产品，使用较为广泛。例如，对于某待测软件，测试人员既需要在 Windows 7 操作系统上测试，还需要在 Windows XP 操作系统上测试，但测试人员仅有一台计算机，且只安装了 Windows 7 操作系统。这时测试人员就可以在 Windows 7 操作系统上安装一个虚拟机软件（如 VMware Workstation），通过 VMware Workstation 软件就可以把原先的物理计算机虚拟成两台计算机，一台是原来的物理机，一台是虚拟出来的虚拟机。随后测试人员就可以在虚拟出来的计算机里安装 Windows XP 操作系统。原先的物理机安装的是 Windows 7 操作系统，这个系统还会存在，不会因为在虚拟机上安装了 Windows XP 操作系统，而原先的操作系统就不存在了。

由于虚拟机的安装和使用需要初级软件测试人员掌握，下面就详细介绍虚拟机的安装过程。

- 通过 VMware 官网下载 Workstation Pro 虚拟机软件的安装包。本书下载的是 VMware-workstation-full-14.1.10-7528167 的试用版，如图 7-3 所示。

名称	修改日期	类型	大小
VMware-workstation-full-14.1.1-7528167	2018/5/8 13:45	应用程序	476,373 KB

◎ 图 7-3 虚拟机安装包

- 下载 Windows XP 操作系统的镜（映）像文件（镜像文件就类似于 rar 和 zip 的压缩文件，通俗一点说就是把多个文件压缩成一个文件，以方便用户下载和使用。大部分的镜像文件都是以 .iso 为后缀的）。在互联网上，可以通过关键词"Windows XP 操作系统镜像文件下载"或"Windows 7 操作系统镜像文件下载"搜索下载，下载后不用解压，本书在这里下载的是 Windows XP 操作系统（sp3 版）的镜像文件，如图 7-4 所示。

名称	修改日期	类型	大小
windows_xp	2017/3/9 22:31	光盘映像文件	615,466 KB

◎ 图 7-4 镜像文件

- 双击 VMware-workstation-full-14.1.1-7528167 的安装包进入虚拟机软件安装的启动界面，如图 7-5 所示。

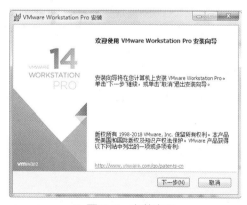

◎ 图 7-5 安装向导

- 单击"下一步"按钮进入以下界面，如图 7-6 所示。
- 勾选"我接受许可协议中的条款"，之后一直单击"下一步"按钮，中间不做任何更改，直至有"安装"按钮的界面出现，如图 7-7 所示。

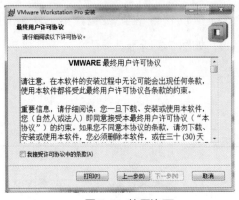

图 7-6 使用许可

图 7-7 安装界面

- 单击"安装"按钮，软件进行安装，直至安装完成，如图 7-8 所示。
- 单击"完成"按钮，桌面上会出现虚拟机软件的图标，如图 7-9 所示。

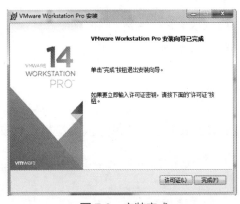

图 7-8 安装完成

图 7-9 桌面图标

- 双击图标进入试用期设置界面，如图 7-10 所示。
- 勾选"我希望试用 VMware Workstation 14 30 天"选项，然后单击"继续"按钮出现图 7-11 所示的界面。
- 单击"完成"按钮，出现虚拟软件的主界面，此时虚拟机软件便安装成功了，如图 7-12 所示。
- 单击"创建新的虚拟机"按钮，就会出现新建虚拟机的向导，如图 7-13 所示。

图 7-10　试用设置

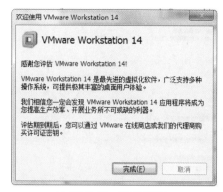

图 7-11　评估界面

图 7-12　VMware Workstation 主界面

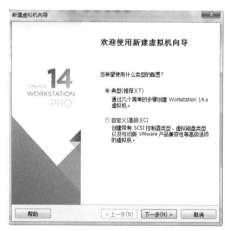

图 7-13　类型配置

- 勾选"典型（推荐）"选项，然后单击"下一步"按钮，就会出现图 7-14 所示的界面。

- 勾选"安装程序光盘映像文件（iso）"的选项，并单击"浏览"按钮选择刚下载的 Windows XP 操作系统镜像文件的路径（这一步是关键），如图 7-15、图 7-16 所示。

- 找到 Windows XP 操作系统镜像文件的路径后，就直接单击"下一步"按钮进入图 7-17 所示的界面。

- 输入 Windows XP 系统的密钥（下载 Windows XP 镜像文件时一般都会自带密钥），并为操作系统设置一个用户名和密码，如图 7-18 所示。

- 单点"下一步"按钮，将会出现图 7-19 所示的界面。图中的位置代表此时安装 Windows XP 操作系统的路径目录。

- 单击"下一步"按钮，将会出现图 7-20 所示的界面，在该页面中可以设置虚拟机的磁盘大小，一般保持默认值，也可以手动修改。

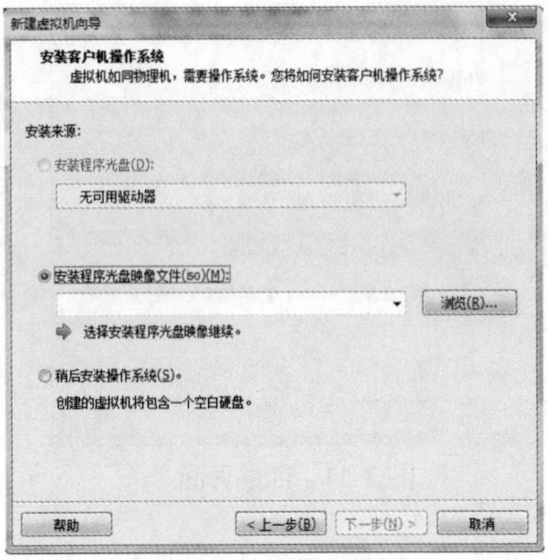

图 7-14 安装向导

图 7-15 选择镜像文件

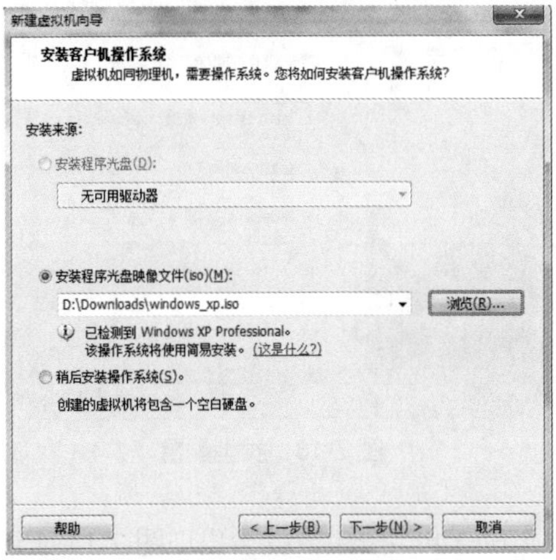

图 7-16 镜像文件装载成功

图 7-17 XP 密钥

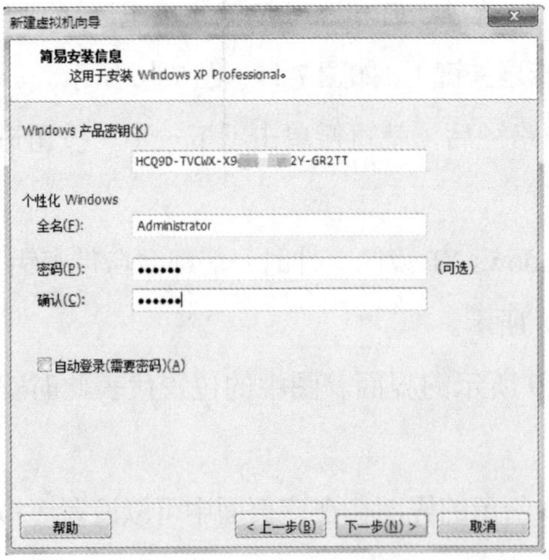

图 7-18 设置用户密码

图 7-19 安装目录

- 单击"下一步"按钮（其他的选项默认即可），将会出现图 7-21 所示的界面。此界面显示的是虚拟机上所安装的操作系统的相关信息，以及本虚拟机的磁盘和内存等信息。

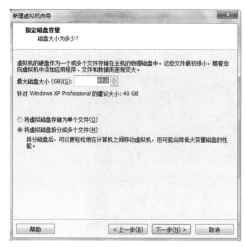

图 7-20　设置磁盘大小

图 7-21　安装详情

- 单击"完成"按钮，出现 Windows XP 操作系统的安装界面，如图 7-22 所示。

图 7-22　安装系统进行中

- 所有的安装都由虚拟机自动完成，不用人工干涉，直到 Windows XP 操作系统安装成功，如图 7-23 所示。图中的窗口即为虚拟机上安装的 Windows XP 操作系统，窗口外为物理机上安装的 Windows 7 操作系统，两者可以同时使用，各自独立，互不影响。将鼠标指针移入虚拟机，便可以将输入定向到该虚拟机中，从而操作虚拟机中的 Windows XP

操作系统; 同理, 将鼠标指针从虚拟机中移出, 便可以返回到物理机, 从而操作本地物理机上的 Windows 7 操作系统。

■ 图 7-23 安装成功

- 关闭或重启虚拟机中 Windows XP 操作系统很简单, 可以通过单击虚拟机软件右上角的关闭按钮, 或单击虚拟机中 Windows XP 操作系统界面上方的关闭按钮来实现, 如图 7-24 所示。

■ 图 7-24 Windows XP 操作系统界面

- 单击右上角的"关闭"按钮后, 会弹出图 7-25 所示的提示框。

■ 图 7-25 选择关闭模式

● 可自行选择关闭方式,如单击"在后台运行"按钮,虚拟机将会呈现出图 7-26 所示的界面,再次单击左侧的操作系统名称(Windows XP Professional),就可以继续展示该操作系统界面。

■ 图 7-26 选择后台运行

如单击"挂起"按钮,虚拟机将会呈现出图 7-27 所示的界面,左侧的操作系统名称(Windows XP Professional)前会有一个暂停的标示,表明该系统已经挂起。

■ 图 7-27 选择挂起

再次单击左侧的操作系统名称（Windows XP Professional）后，单击主界面中的"继续运行此虚拟机"按钮，如图 7-28 所示，就可以停止挂起，继续展示该操作系统界面。

■ 图 7-28　选择继续运行

如单击"关机"按钮，虚拟机将会呈现出图 7-29 所示的界面。

■ 图 7-29　选择关机

再次单击左侧的操作系统名称（Windows XP Professional）后，单击主界面中的"开启此虚拟机"按钮，如图 7-30 所示，将会重新开启该操作系统。由于是重启系统，进入操作系统界面的耗时会比之前"后台运行"和"挂起"时的要长。

很多测试人员在使用虚拟机时会碰到一个问题，就是如何将物理机的文件复制到虚拟机上。在本例中，将介绍如何将 Windows 7 操作系统上的文件复制到 Windows XP 操作系统上。方法很简单，就是直接将 Windows 7 操作系统上的文件进行复制，然后粘贴到 Windows XP 操作系统上即可。但有一个前提，需要保证虚拟机已安装了 VMware Tools 工具，VMware Tools 一般会在安装操作系统的时候自动进行安装，无须人工干涉，本例的虚拟机已自动安装了此工具。如果系统没有安装 VMware Tools，也可以通过虚拟机菜单中的"重新安装 VMware Tools"选项来重新安装，如图 7-31 所示。

图 7-30　开启虚拟机

图 7-31　VMware Tools 安装

　　至此，虚拟机软件的安装、虚拟机的创建、Windows XP 操作系统的安装就已完成。测试人员就可以在新安装的 Windows XP 操作系统上进行相关的测试工作了，而 Windows 7 和 Windows XP 这两个操作系统是相互独立、互不影响的。

　　通过虚拟机安装 Windows XP 操作系统的时候，可能会遇到以下的错误提示，如图 7-32 所示。

　　解决办法：重启 Windows 7 操作系统，进入 BIOS 设置的页面，选择"Intel Virtualization

Technology"选项并将此选项设置为 Enabled 状态（即将 VT-X 技术启用），保存 BIOS 设置并退出，之后就能正常安装了。

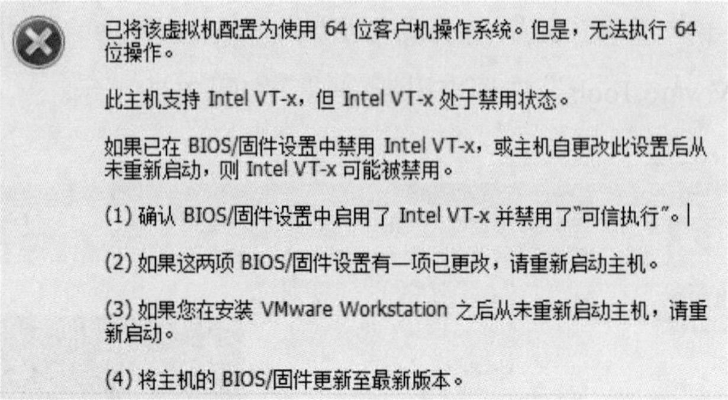

已将该虚拟机配置为使用 64 位客户机操作系统。但是，无法执行 64 位操作。

此主机支持 Intel VT-x，但 Intel VT-x 处于禁用状态。

如果已在 BIOS/固件设置中禁用 Intel VT-x，或主机自更改此设置后从未重新启动，则 Intel VT-x 可能被禁用。

（1）确认 BIOS/固件设置中启用了 Intel VT-x 并禁用了"可信执行"。

（2）如果这两项 BIOS/固件设置有一项已更改，请重新启动主机。

（3）如果您在安装 VMware Workstation 之后从未重新启动主机，请重新启动。

（4）将主机的 BIOS/固件更新至最新版本。

■ 图 7-32　安装错误提示

本书建议初级软件测试人员应把虚拟机安装和操作的基本方法学会，以便入职后可以在同一个物理机上同时使用多个不同的操作系统。在安装过程中如遇到其他问题，可查阅网上资料试着自行解决。

二 | 后台环境的搭建

后台环境的搭建相对于前台来说复杂了一些，需要由具有丰富工作经验的测试人员搭建。一般情况下每个测试组都会有专门搭建并维护环境的测试人员，所以初级软件测试人员无须担心后台搭建的问题。后台环境的搭建主要是依照开发的环境进行搭建的，从而保证与开发环境的一致性。只有后台环境搭建起来了，前台的页面功能才能使用。接下来以图 7-2 中 B/S 结构的软件系统为例，简要地描述一下后台环境搭建的步骤。

（1）分别在后台的 Web 服务器和数据库服务器上安装服务器版本的操作系统，例如可以安装 Linux 或是 Windows 等服务器版本的操作系统。后台服务器的操作系统与前台桌面版的操作系统不同，其对安全性和稳定性及性能等方面有更严格的要求。

（2）在 Web 服务器的操作系统上安装 Web 服务器软件 Apache，同类的软件还有 iis、Nginx 等。

（3）在 Web 服务器的操作系统上安装 PHP 服务软件（如 PHP-fpm 中间件），同类的软件还有 Java 服务软件（如 Tomcat 中间件）等。

（4）在数据库服务器的操作系统上安装 MySQL 数据库软件，同类的软件还有 Oracle、SQL Server 相关版本的数据库软件等。

（5）进行各组件之间的连接、代码上传、数据导入、文件配置、权限设置、环境变量设置、网络连接等一系列的操作，直至完全搭建成功。

以上后台环境的搭建没有做详细的图文描述，原因在于，后台环境的搭建涉及的知识面太广、太深，如果一开始就将这些知识点展开来学习，这对初级软件测试人员来说是不现实的，也不利于后面章节的学习。所以本书根据市场的需求，选取了 Linux 操作系统和 Oracle 数据库的部分知识点作为后台的切入点，并在本书的第 12 章和第 13 章再分别进行介绍。

当后台环境搭建完成后，就意味着测试人员成功搭建了一套与开发环境一模一样的测试环境，测试人员就可以在自己搭建的测试环境中执行测试工作，无须和开发人员共用一套环境了！执行测试工作时，初级软件测试人员只需要在前台打开浏览器，输入后台服务器的网址，就可以对软件（前台网页）的各项功能进行全面测试了。

7.2　了解 C/S 结构软件的环境搭建

7.2.1　了解 C/S 结构软件的概念

C/S 全称 Client/Server 结构，即客户端 / 服务器结构。通俗一点就是指在用户的计算机上安装一个软件，然后使用这个客户端的软件去访问服务器。例如在使用 QQ 时，用户需要在计算机上安装一个 QQ 客户端软件，然后通过 QQ 客户端软件才能访问 QQ 服务器，如图 7-33 所示。

■ 图 7-33　C/S 结构的软件

C/S 与 B/S 的显著不同点在于，B/S 结构软件是直接通过浏览器去访问服务器的，而 C/S 结构软件不是通过浏览器访问的，而是在访问服务器之前需要在计算机上安装一个客户端软件，然后使用这个客户端软件去访问服务器。

常用的办公软件如 Office、WPS、Winrar，杀毒软件如 360 安全卫士、QQ 管家，娱乐软件如 QQ 等，理论上都可称为 C/S 结构软件。因为它们都不是通过浏览器访问服务器的。

7.2.2 了解 C/S 结构软件的工作过程

以下展示的是某公司的一个 C/S 结构的软件系统，如图 7-34 所示。

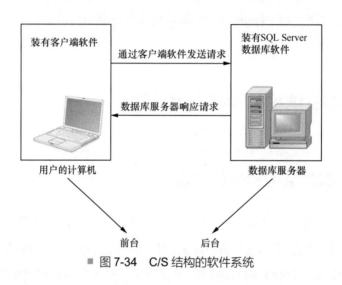

■ 图 7-34 C/S 结构的软件系统

从图 7-34 可以看到，用户的计算机只需要安装一个客户端软件，而后台只需要安装一个数据库软件就可以了。安装完成后，用户便可以在这个客户端软件上执行相关的操作和请求，如果用户执行的这个操作和请求，客户端软件本身就能处理，则不需要向数据库服务器发送请求；如果用户的操作和请求，客户端软件自身处理不了，则客户端软件会向数据库服务器发送请求操作，数据库服务器中的 SQL Server 数据库软件在接收到请求后就开始执行数据操作，并把执行后的结果反馈给客户端软件。

以上展示的就是一个相对简单的两层结构的 C/S 结构的软件系统（客户端软件→数据库服务器），它是通过客户端软件直接访问数据库服务器的。在实际工作中，每个项目组中的 C/S 结构都会不尽相同，后台服务器所装软件和配置也都不同，在这里就不做过多阐述了。

7.2.3　了解 C/S 结构软件的环境搭建

一 ｜ 前台环境的搭建

只需要安装一个 Windows 桌面版的操作系统（如 Windows 10 操作系统等）和相应的客户端软件即可。

二 ｜ 后台环境的搭建

以图 7-34 中的 C/S 结构为例。

（1）在后台的数据库服务器上安装操作系统，如 Windows Server 2003 的操作系统。

（2）在数据库服务器的操作系统上安装数据库软件 SQL Server 2005。

（3）将数据导入到数据库中，检查数据库的 IP 地址、端口号、数据库名称、账号、密码等，检查客户端软件和数据库之间连通性等一系列操作后就可以完成搭建。

C/S 后台环境的搭建在这里就不做过多描述了。后台环境搭建完成后，测试人员就可以直接在前台的客户端软件上开展测试工作了，主要测试客户端软件上的所有功能点是否符合需求文档。

无论是 C/S 结构软件还是 B/S 结构软件，它们都有各自的应用领域，关于它们的比较和区别，本书在这里不做过多阐述，初级软件测试人员只要能区分 B/S 结构软件和 C/S 结构软件就可以了。

最后，建议初级软件测试人员前期可以把对 B/S 结构软件的测试作为学习重点和突破口，如果 B/S 结构软件的测试熟练掌握后，再学习 C/S 结构软件的测试就会容易很多。另外，B/S 结构软件使用广泛，就业岗位多，需求量大，所以建议大家首选学习 B/S 结构软件的测试。

7.3　本章小结

7.3.1　学习提醒

环境搭建对初级软件测试人员来说有一定难度，需要一定的经验，但初级软件测试人员入职后其主要任务并不是环境搭建而是测试工作，所以首要的还是要把测试工作做好。

初级软件测试人员要熟练掌握前台的操作系统（如 Windows 桌面版的操作系统）、各种常用的浏览器以及虚拟机的基本使用方法。

初级软件测试人员要清楚 B/S 结构软件和 C/S 结构软件的基本概念，并能区分 B/S 结构软件和 C/S 结构软件。

初级软件测试人员还需要注意"Web"这一名词，Web 是互联网的一个总称，在很多的项目中，开发人员和测试人员习惯把 B/S 系统称为 Web 系统，B/S 的前台称为 Web 前台（端），把 B/S 的后台称为 Web 后台（端）。

7.3.2　求职指导

一 | 本章面试常见问题

问题 1： 你搭建过测试环境吗？

参考回答：目前我们主要搭建的是前台的测试环境，如安装操作系统、浏览器、虚拟机等，后台环境一般是由测试组的专门人员进行搭建。我本人对后台中关于 Web 服务器、数据库服务器、其他服务软件的搭建只是了解而已，谢谢。（当然如果大家通过相应的学习后对后台的搭建已经很熟悉了，则可以一起作答。）

问题 2： 你们和开发人员共用一套环境吗？

参考回答：我们做的项目测试都没有和开发人员共用一套环境，我们测试人员会自己搭建相应的环境。如果共用一套环境的话难免会对测试的结果产生一些影响，而且系统维护起来也不方便，因为开发人员也在这套环境中调试产品。谢谢。

问题 3： 你是做前台（前端）测试的，还是做后台（后端）测试的？

参考回答：目前我主要是做前台测试。谢谢。

问题 4： 你是做 B/S 结构软件测试的，还是做 C/S 结构软件测试的？

参考回答：我目前做的项目主要是以 B/S 为主。（无论是做 B/S 结构软件的测试还是做 C/S 结构软件的测试，测试的思想都是一样的，具体怎么回答视大家所做的项目和兴趣而谈。）

问题 5： 网页的兼容性测试你是怎么做的？

参考回答：对于网页兼容性我们主要考虑的是各种浏览器对前台页面的兼容性，因为浏览器对页面的影响是最大的。

现在浏览器的种类越来越多，网页中展现出来的内容也越来越丰富，这些内容包括网页中的字体、图片、动画等，而且有些内容需要网页安装一些插件才能打开。很多时候同一个网页在不同的浏览器下，可能会出现兼容性问题，有些浏览器可以正常显示，有些浏览器不能正常显示，例如出现乱码、排版异常、无法显示图片和动画、页面的功能不能正常使用等异常情况，所以一般情况下，都应针对当前主流的浏览器进行兼容性测试。

目前主流的浏览器有 IE 系列、Google 的 Chrome 浏览器、火狐浏览器（Mozilla Firefox）、360 浏览器、QQ 浏览器、搜狗浏览器等。具体要测试哪些浏览器，主要根据产品经理制定的需求文档而定。

但如果页面上所有的功能都需要在每个浏览器重新测试一遍的话（假如需求文档要测试 6 款浏览器），工作量也是非常大的。一般情况下，可以这样分配，例如测试组有 6 个人是做功能模块测试的，那么这 6 个人就会分别选用其中的一款浏览器进行测试。这样就可以将浏览器分散开来，而不需要一个人来完成，后面还可以交换着进行（你用我的浏览器，我用你的浏览器），尽量覆盖全面。

其次要考虑的就是分辨率的兼容性，这指的是页面在 640×400、600×800、1024×768 或是更高的分辨率模式下是否能正常显示，例如字体是否太小，文本、图片等页面元素是否能正常显示。对于具体要使用什么样的分辨率进行测试，通常情况下，需求文档中都会对分辨率给出建议和要求。

二 ▏面试技巧

在面试的过程中，如碰到自己不会的问题，切记不要不懂装懂，要实话实说。例如你可以说"不好意思，这类问题我之前还没接触到，但我相信如果给我一点时间，我一定可以理解并做好它。"或者说"不好意思，这个问题我确实不知道，你能给我讲一下吗？"更不能因为一两个问题没有回答好，就丧失了信心，这是完全不可取的。无论有多少个问题没有回答出来，初级软件测试人员全程都要保持良好的沟通状态，这种积极乐观坦诚的心态也许会给面试官留下深刻的印象，事实上很多初级软件测试人员在回答问题的时候并没有完全回答正确，但最终还是被录取了。

第8章 测试执行

当测试环境搭建完成后，测试人员将在自己搭建的环境上执行测试用例，开展测试工作。测试人员在执行测试用例的过程中，如发现实际结果与预期结果不一致，则意味着出现 Bug（缺陷、错误、问题）。当测试人员发现了 Bug 之后，就需要把 Bug 提交给开发人员进行修复。那测试人员应如何记录一个 Bug 呢？测试人员又是通过什么工具把 Bug 转发给开发人员的呢？测试人员提交完 Bug 后又如何做回归测试呢？本章将对提交 Bug 所涉及的各种问题进行详细介绍。提交 Bug 不仅仅是测试人员价值的体现，也是测试人员与开发人员沟通的重要桥梁，Bug 的数量和质量将会对软件质量的改善起到重要的推动作用。本章内容十分重要，应认真学习。

8.1 如何记录一个 Bug

当测试人员在执行测试用例的过程中发现 Bug 时，测试人员应该如何记录这个 Bug？如何确保开发人员能理解自己所提交的 Bug？本节将详细解答这些问题。

8.1.1 一个 Bug 所包括的内容

通常情况下，一个 Bug 应包括以下信息点，见表 8-1。

表 8-1　Bug 包含的信息点

Bug 包括的基本信息点	各信息点的含义
Bug 的摘要	写清楚每一个 Bug 的主要信息，一般一两句话即可
Bug 的具体描述	把 Bug 从发生到结束的每一个步骤、每一个细节以及发生过程中所涉及的具体数据清晰地描述出来

续表

Bug 包括的基本信息点	各信息点的含义
Bug 的严重程度	在禅道系统中，Bug 等级划分为①②③④ 4 个等级，等级①: 致命问题（造成系统崩溃、死机、死循环，导致数据库数据丢失等）；等级②: 严重问题（系统主要功能部分丧失、数据库保存调用错误、用户数据丢失，一级功能菜单不能使用，但是不影响其他功能的测试等）；等级③: 一般性问题（功能没有完全实现但是不影响使用，功能菜单存在缺陷但不会影响系统稳定性等）；等级④: 建议问题（界面、性能缺陷等建议类问题，不影响操作功能的执行）
Bug 的优先级	在禅道系统中，处理 Bug 的优先级同样划分为①②③④ 4 个等级，等级①代表此 Bug 要立即进行处理，等级②代表此 Bug 需要紧急处理，等级③代表此 Bug 以正常的速度处理即可，等级④代表此 Bug 可延后处理
Bug 指派给	每个 Bug 都要指定解决这个 Bug 的开发人员
Bug 的状态	在禅道系统中，Bug 的状态有激活、已解决、关闭 3 种状态。每个 Bug 管理工具所设置的状态可能不尽相同，大家根据公司规定流程进行相应的处理便可，有关 Bug 状态的作用，将在 8.2.2 节进行讲解
必要的附件（图片或日志）	当测试人员发现 Bug 时，如果能及时截图则会更有说服力，建议测试人员凡是能截图的地方都截图，因为图片可以直截了当地反映发现 Bug 时的情形。当软件的某一个功能发生错误时，系统一般都会为此错误产生一条记录，这个记录称为日志。在某些项目中，如开发人员或测试经理要求测试人员截取日志，则测试人员在提交 Bug 的时候应附上日志。具体如何截取日志可直接咨询开发人员或测试经理，他们清楚日志的存放位置和截取方法。日志一般是一个 txt 格式的文本文档。截取日志的过程很简单，大家不用担心
Bug 其他信息点	根据实际测试环境或公司要求进行相应填写即可

　　每个公司的不同项目对 Bug 应包括的信息点可能存在一些细小的差异，但大体思想是一致的，进入公司后按照公司的要求和模板书写便可。

8.1.2　Bug 记录的正确范例

　　例 1：某测试人员打开 XYC 邮箱的登录首页，输入正确的用户名和密码后成功登录到 XYC 邮箱内页，然后单击"写信"按钮进入写信页面，随后输入正确的邮件地址、正确的主题、正确的正文，然后单击"发送邮件"按钮，但之后页面没有任何反应，无法发送邮件。很明显，这就是一个 Bug，那测试人员应如何记录这个 Bug 呢？

Bug 书写示例见表 8-2。

表 8-2　Bug 示例 1

Bug 摘要：单击"发送邮件"按钮无响应，无法发送邮件	
Bug 的具体描述： （1）通过网址 http://mail.**.com 打开 XYC 邮箱的登录页面 （2）输入正确的用户名"abc123ky"，输入正确的密码"kitty123"，之后单击"登录"按钮，系统显示登录成功 （3）单击"写信"按钮进入写信界面后，在收件人地址栏中输入一个正确的邮件地址"154×××@qq.com"，在主题栏中输入一个正确的主题"你好"。在正文输入框中输入正文"祝你开心" （4）输入完成后，单击"发送邮件"按钮，单击后系统无反应，无法发送邮件 （5）退出邮箱系统，使用同样的账号并重新尝试了同样的操作步骤，该问题还是存在 （6）退出邮箱系统，使用另外一个正确的账号（用户名：John2008，密码：Andy789）进行同样操作，结果问题还是存在	
Bug 的严重程度：②	Bug 指派给：李开开
Bug 的优先级：②	Bug 的状态：激活
附件：可以截图的话，建议截图并提供给开发人员，如需要附送日志，也要一并把日志提供给开发人员	
备注：无	

对于 Bug 的记录，需要注意以下 3 点。

（1）Bug 的概要一定要清晰简洁。

（2）在 Bug 的具体描述中，测试的步骤和使用到的具体数据都要清楚地写出来；在 Bug 的具体描述中尽可能多地提供一些必要信息，如本例具体描述中的第 6 步。

（3）如果可以截图，一定要截图，因为这是最直接的证据，一般的操作系统都有截图软件。

以上 3 点都是要提交给开发人员的关键信息，开发人员需要依据这些关键信息去定位 Bug 的原因。

例 2：某测试人员打开 XYC 邮箱的登录页面，输入错误的用户名和密码，随后单击"登录"按钮，此时系统无法登录，但系统也没有给出任何提示。很明显，这也是一个 Bug。那测试人员应如何记录这个 Bug 呢？

Bug 书写的示例见表 8-3。

其中对于 Bug 的优先级，相信初级软件测试人员都可以正确判断，提醒大家一点：设置处理 Bug 的优先级的目的是告诉开发人员处理此 Bug 的优先级别，以便开发人员合理地安排 Bug 修复工作。

表 8-3　Bug 示例 2

Bug 摘要：错误的用户名和密码无法登录邮箱，但系统没给出任何提示	
Bug 具体描述： （1）通过网址 http://mail.**.com 打开 XYC 邮箱的登录页面 （2）输入错误的用户名"kdgls1234"，输入错误的密码"123df8"，单击"登录"按钮，发现无法登录邮箱，同时系统没有给出任何提示 （3）刷新页面并重新尝试了同样的操作步骤，该问题还是存在	
Bug 的严重程度：③	Bug 指派给：李开开
Bug 的优先级：③	Bug 的状态：激活
附件：可以截图的话，建议提供截图给开发人员，如需要附送日志，也要一并把日志提供给开发人员	
备注：无	

例 3：某测试人员打开 XYC 邮箱的登录页面，输入正确的用户名和密码后成功登录邮箱，然后单击"写信"按钮进入写信页面，测试人员准备在收件人地址栏中输入一个邮箱通讯录中已存在的邮件地址，但当测试人员输入该邮件地址的第一个字符时，发现系统并没有自动联想出以该字符开头的所有邮件地址。

分析：如果该需求文档并没有要求收件人地址栏要具备自动联想功能，那么此问题，测试人员就可以当作建议性问题提出来。测试人员应该如何记录这个建议性的 Bug 呢？

Bug 书写的示例见表 8-4。

表 8-4　Bug 示例 3

Bug 摘要：收件人地址栏建议加入邮箱地址自动联想功能	
Bug 具体的描述： （1）通过网址 http://mail.**.com 打开 XYC 邮箱的登录页面 （2）输入正确的用户名"abc123ky"，输入正确的密码"kitty123"，之后单击"登录"按钮，系统显示登录成功 （3）单击"写信"按钮进入写信页面，然后在收件人地址栏中输入一个邮箱通讯录中已存在的邮箱地址 （4）当输入第一个字符"1"时，系统没有自动联想出以"1"开头的所有收件人地址 （5）建议收件人地址栏加入自动联想功能，凡是存在于邮箱通讯录中的邮箱地址，用户只要输入该邮箱地址的首个字符，系统立即能自动联想出以该字符开头的邮箱地址。这样可以为用户带来良好的体验	
Bug 的严重程度：④	Bug 指派给：李开开
Bug 的优先级：④	Bug 的状态：激活
附件：无	
备注：无	

描述 Bug 的发生过程并记录相关数据，这对一名初级测试人而言并不是一件很困难的事情。初级软件测试人员在记录一个 Bug 时，应尽可能多地提供一些详细的信息和截图。本书所列的 Bug 示例也许并不是最好的，初级软件测试人员入职后应多参考其他同事曾提交过的 Bug 示例单，并学习其中的优点。

总之，提交清晰的 Bug 示例单是初级软件测试人员十分重要的一项工作，如果 Bug 示例单中的内容缺少关键步骤和具体数据等重要信息，这不仅给开发人员修复 Bug 带来难度，还有可能会被直接退回给测试人员并要求重新书写 Bug 示例单。

8.2　利用测试工具追踪 Bug

Bug 跟踪模块对于测试人员来说是最重要的模块之一，同时也是测试人员和开发人员最需要关注的模块之一。每个测试人员在执行测试用例的过程中，发现的 Bug 少则几个，多则几十甚至上百个，这些 Bug 是如何及时转发给开发人员的呢？测试人员又是如何跟踪这些 Bug 的后续修复及验证工作的呢？这里就需要用到测试管理工具。测试管理工具是每个测试组必须具备的工具之一，它的主要作用之一是对测试人员提交的 Bug 进行集中管理、转发和维护。

8.2.1　测试管理工具简介

目前主流的 Bug 管理工具有很多，如 Test Director（简称 TD）、Quality Center（简称 QC，它是 TD 的升级版）、JIRA、禅道、Mantis 以及各公司自行开发的 Bug 管理工具等。这些都是常用的 Bug 管理工具，每个工具都有各自的优势。虽然每个公司所使用的 Bug 管理工具不同，但是它们对 Bug 的处理流程都大同小异，学会了其中一种，就很容易理解和操作其他的 Bug 管理工具。

禅道由青岛易软天创网络科技有限公司开发，是一个国产开源项目管理软件。它整合了 Bug 管理、测试用例管理、发布管理、文档管理等功能，完整地覆盖了软件研发项目的整个生命周期。在禅道软件中，明确地将产品、项目、测试三者概念区分开，产品人员、开发团队、测试人员，三者分立，互相配合，又互相制约，通过需求、任务、Bug 来进行交相互动，最终通过合作使产品达到合格标准。

8.2.2　禅道系统基本使用流程

禅道系统由管理员（admin）建立部门和用户，由产品经理建立产品与需求，由项目经理关联需求并立项、组建团队、分配任务，由研发人员实现产品功能并提交测试版本，由测试人员设计产品的测试用例并提交 Bug。

为了让初级软件测试人员清楚地知道与 Bug 衔接的各项流程，本节简要地介绍一下禅道系统管理项目的基本流程。

一｜新建部门和用户

（1）在禅道的首页选择"开源版"，如图 8-1 所示。

■ 图 8-1　禅道首页

（2）进入禅道登录页面，如图 8-2 所示。

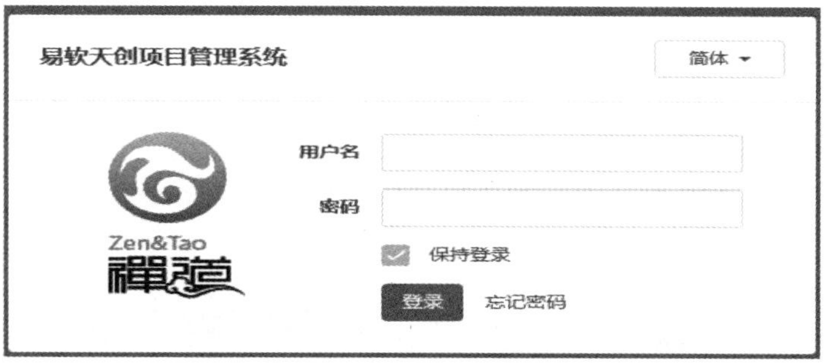

■ 图 8-2　登录页面

（3）使用管理员（admin）账户登录后将出现图 8-3 所示的界面。

（4）进入"组织"→"部门"的链接页面，新建 3 个部门并保存，如图 8-4 所示。

（5）进入"组织"→"用户"→"+添加用户"的链接页面，添加"项目经理"账户并保存，如图 8-5、图 8-6 所示（邮箱和源代码账号可为空，其中"您的系统登录密码"

为管理员 admin 的密码）。

■ 图 8-3　登录成功

■ 图 8-4　添加 3 个部门

■ 图 8-5　添加用户

■ 图 8-6　添加"项目经理"

（6）添加"产品经理"账户并保存，如图 8-7 所示。

■ 图 8-7　添加"产品经理"

（7）添加"开发人员"账户并保存，如图 8-8 所示。

（8）添加"测试人员"账户并保存，如图 8-9 所示。

■ 图 8-8 添加"开发人员"

■ 图 8-9 添加"测试人员"

二 | 建立产品和需求

（1）产品经理张产产登录禅道系统，进入"产品"→"+添加产品"的链接页面，新建产品并保存，如图 8-10、图 8-11 所示。

■ 图 8-10　添加产品

■ 图 8-11　添加"XYC 邮箱"产品

（2）产品添加成功后系统自动跳转到需求模块的页面，进入"需求"→"＋提需求"链接页面，添加需求并保存，如图 8-12、图 8-13 所示。

■ 图 8-12　提需求

■ 图 8-13 添加"XYC邮箱"的需求

三｜新建项目、组建团队、关联需求、分配任务

由于产品经理已经在"XYC 邮箱"这个产品下建立了该产品的需求文档，那么项目经理就要着手建立起一个项目并组建团队，关联项目的需求，分配相关的任务。

（1）项目经理王项项登录禅道系统，进入"项目"→"+ 添加项目"的链接页面，新建项目并保存，如图 8-14、图 8-15 所示。

■ 图 8-14 添加项目

（2）当项目添加成功后，系统将自动弹出图 8-16 所示的提示。

（3）单击图 8-16 中"设置团队"链接进入"团队成员"页面，如图 8-17 所示。

图 8-15　添加"XYC 邮箱第一期项目"

图 8-16　提示

图 8-17　团队成员

（4）单击图 8-17 中"团队管理"链接进入"团队管理"页面，添加团队成员并保存，如图 8-18 所示。

图 8-18　设置团队成员

（5）进入"项目"→"需求"→"＋关联需求"的链接页面来关联该项目的需求并保存，如图 8-19、图 8-20 所示。

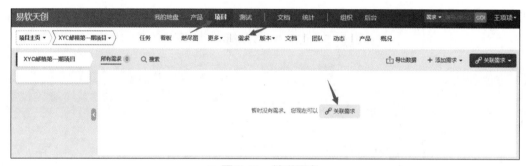

图 8-19　关联需求

图 8-20　单击保存

（6）单击图 8-20 中"保存"按钮后可以看 XYC 邮箱第一期项目所关联的需求，如图 8-21 所示。

（7）单击图 8-21 中"批量分解"的链接按钮进入"批量创建"的页面，并进行任务的指派、保存，如图 8-22 所示。

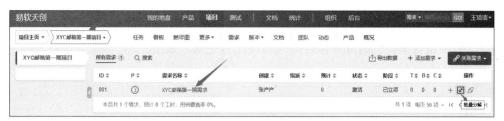

图 8-21　项目关联需求成功

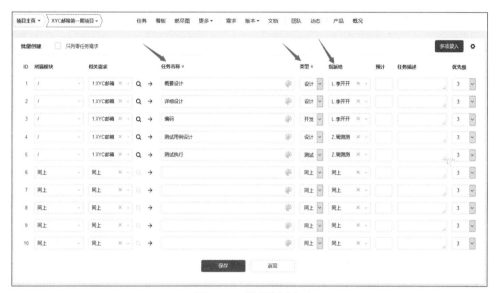

图 8-22　批量创建任务

四｜开发人员领取任务，并提交测试版本

（1）开发人员李开开登录禅道系统，进入"我的地盘"→"任务"的链接页面就可以查看项目经理分配给开发人员李开开的任务，如图 8-23 所示。

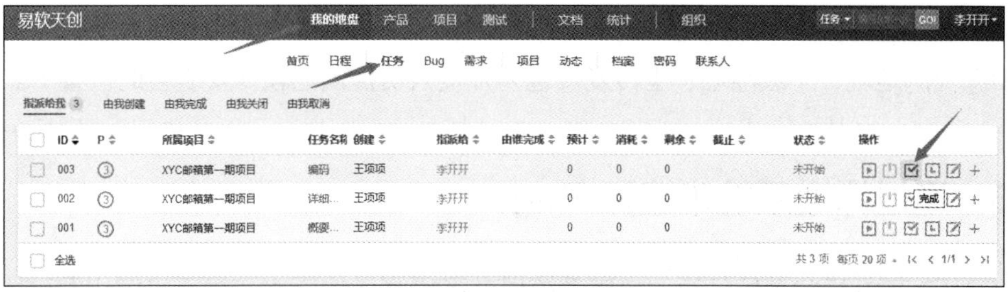

图 8-23　查看任务

（2）当开发人员李开开完成其中一项任务时，可单击图 8-23 右侧的完成按钮，在弹出的对话框中设置消耗的时间并保存即代表该任务完成，如图 8-24 所示。

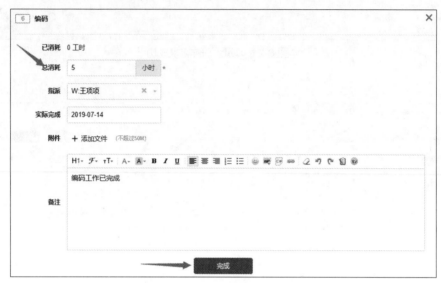

■ 图 8-24　完成任务

（3）当开发人员李开开的三项任务全部完成时，便可提交相应的测试版本，进入"项目"→"版本"的链接页面进行版本的创建，如图 8-25 所示。

■ 图 8-25　创建版本

（4）单击图 8-25 中的"+ 创建版本"链接进行版本的创建，并保存，如图 8-26 所示（图中源代码地址、下载地址、上传发行包为开发人员提供的软件安装包的位置）。

8.2.3　通过禅道系统来追踪 Bug

在 8.2.2 节中开发人员已通过禅道系统提交了可测试的版本，接下来就由测试人员来执行测试，并提交 Bug。

创建版本

产品	XYC邮箱
名称编号	XYC邮箱001
构建者	L·李开开
打包日期	2019-07-14
源代码地址	
下载地址	
上传发行包	+ 添加文件 （不限于50M）
描述	请对XYC邮箱001的版本进行系统测试。

保存　　返回

■ 图 8-26　创建测试版本

（1）测试人员周测测登录禅道系统，进入"项目"→"任务"的链接页面，此时就可以查看项目经理分配给测试人员周测测的任务，如图 8-27 所示。

■ 图 8-27　查看任务

（2）假设测试人员周测测已完成测试用例设计与测试用例执行的全部工作，并且在测试中发现了问题，那么测试人员周测测就要通过禅道系统提交 Bug 给开发人员。

（3）测试人员周测测进入"测试"→"Bug"的链接页面，如图 8-28 所示。

■ 图 8-28　单击"+ 提 Bug"

（4）单击图 8-28 中的"＋提 Bug"链接进入到提交 Bug 的页面，此时可提交 Bug 并进行相应保存，如图 8-29、图 8-30 所示（从图 8-30 中可以看到，此 Bug 的状态为"激活"，此 Bug 指派给了开发人员李开开）。

■ 图 8-29　Bug 提交

■ 图 8-30　查看 Bug 信息

（5）开发人员李开开登录禅道系统，进入"测试"→"Bug"的链接页面，此时就可以看到测试人员周测测指派给他的 Bug 单，如图 8-31 所示。

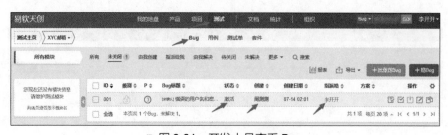

■ 图 8-31　开发人员查看 Bug

（6）开发人员李开开修复好此 Bug 后，就会单击图 8-32 中的"解决"按钮，在弹出的对话框中设置解决时的信息并保存，那么此时 Bug 就已解决完成，如图 8-33 所示。

■ 图 8-32 解决问题

■ 图 8-33 完成解决

（7）测试人员周测测登录禅道系统，并验证所提 Bug 是否被开发人员李开开修复好，如经验证，此 Bug 已被解决，将会单击图 8-34 中的"关闭"按钮，并备注相关信息，如图 8-35 所示。

■ 图 8-34 关闭 Bug

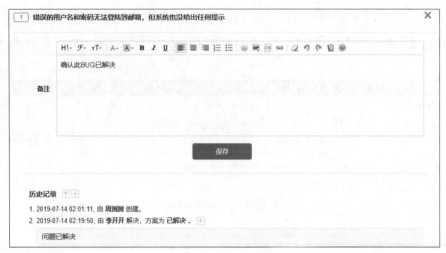

■ 图 8-35　备注信息

（8）当测试人员周测测再次查看此 Bug 时，此 Bug 的状态为关闭状态，如图 8-36 所示。

■ 图 8-36　查看 Bug 状态

（9）如果测试人员周测测在验证此 Bug 时发现此 Bug 并没有被解决，就会再次编辑此 Bug，并将 Bug 的状态设置为激活状态重新指派给开发人员李开开。至此 Bug 的基本处理流程已完成。

有关禅道系统的试用，大家可在百度上直接搜索"禅道"便可找到禅道系统试用的入口。初级软件测试人员入职后，不管测试组使用的是哪一款 Bug 管理工具，只要清楚 Bug 管理工具处理 Bug 的基本思想即可，至于工具本身的使用，相信对大家来说都不是难事。

8.3　对 Bug 起争议时的处理

测试人员和开发人员因 Bug 起争议的事情常有发生，例如开发人员认为这不算是一个 Bug，或认为这个 Bug 不重要，不需要修改，而测试人员认为这是一个很严重的 Bug，需要开发人员修改，或因其他原因起了争议等。如果出现了这些情况，测试人员应如何处理呢？本书给出以下建议。

（1）任何争议都需要"对事不对人"，不能因为 Bug 而激化了双方的矛盾。

（2）有很多初级软件测试人员提交的 Bug 单流转到开发人员那里后，开发人员看不懂。原因在于测试人员提交的 Bug 单没有描述清楚，这是一个非常常见的现象。测试人员提交的 Bug 单一定要描述清楚，并需要有充足的依据和理由。

（3）如果 Bug 单写清楚了，但开发人员还是不愿意修改的话，可以找一个合适的时间，心平气和地与开发人员沟通，说明此 Bug 对产品质量可能产生的不良影响，测试人员在沟通过程中不能意气用事。

（4）经沟通后，如果开发人员还是不愿意修改的话（当然开发人员不修改也有他们的原因），那么此时可以向测试经理汇报这一情况，由测试经理出面解决，或是由测试经理召开 Bug 评审大会（开发人员、测试人员、产品经理三方人员参与，有时也包括项目经理），共同定夺。

（5）有些初级软件测试人员把 Bug 提交到开发人员那后，经过开发人员的各种解释，就会同意开发人员的意见，也认为这确实不是一个 Bug，从而忽略这个问题，这也是经常发生在初级软件测试人员身上的事情。这就要求测试人员提交 Bug 的过程要有原则性，这也是作为一名合格的测试人员最重要的特征之一，对待问题需要坚持原则。

（6）测试人员应和开发人员面对面或通过电子邮件、电话等方式保持密切沟通，共同协商和处理 Bug，以减少两者间的隔膜，增加测试人员与开发人员之间的信任和了解。直接沟通也应贯穿到产品开发、测试的每个环节当中。

8.4 回归测试的策略

当测试人员通过 Bug 管理工具把所发现的 Bug 全部提交给开发人员后，开发人员就会对这些 Bug 展开修复工作，等到开发人员把 Bug 修复好之后，测试人员就要进行回归测试。回归测试是什么意思呢？简单来说，就是开发人员把 Bug 修复好之后，测试人员需要重新验证 Bug 是否修复好了，同时在新版本中进行测试以检测开发人员在修复代码过程中是否引入新的 Bug，此过程就称为回归测试。那测试人员在做回归测试时有什么策略呢？本节将对回归测试的基本流程和回归测试的策略进行说明。

8.4.1 回归测试的基本流程

假如 XYC 邮箱的测试工作已完成，Bug 已全部修复，并已达到上线标准。接下来就以 XYC 邮箱为例来回顾一下 XYC 邮箱回归测试的基本流程，如图 8-37 所示。

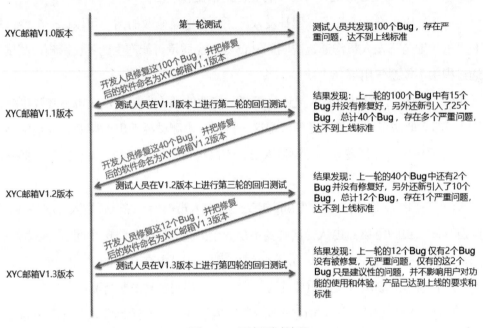

■ 图 8-37 回归测试流程

下面对以上流程图进行一个简要说明。

（1）开发人员把最初开发出来的 XYC 邮箱命名为 XYC 邮箱 V1.0 版本。测试人员就会针对 XYC 邮箱 V1.0 版本进行第一轮测试。第一轮测试执行完成后，测试人员一共发现了 100 个 Bug，其中存在多个严重问题，XYC 邮箱无法达到上线标准。

（2）开发人员随后对 XYC 邮箱 V1.0 版本的这 100 个 Bug 进行修复。Bug 修复完成后，就把修复后的软件命名为 XYC 邮箱 V1.1 版本，以区别 V1.0 版本。接着测试人员就会在 V1.1 版本上进行第二轮的回归测试以验证开发人员是否修复了这 100 个 Bug，结果发现 100 个 Bug 中有 15 个 Bug 并没有修复好，另外还新引入了 25 个 Bug，相当于 XYC 邮箱 V1.1 版本还存在 40 个 Bug，且存在多个严重问题，故达不到上线标准。

（3）开发人员随后对 XYC 邮箱 V1.1 版本上的这 40 个 Bug 进行修复，Bug 修复完成后，就把修复后的软件命名为 XYC 邮箱 V1.2 版本，以区别 V1.1 版本。接着测试人员就会在 V1.2 的版本上进行第三轮的回归测试以验证开发人员是否修复了这 40 个 Bug，结果发现 40 个 Bug 中有 2 个 Bug 并没有修复好，另外还新引入了 10 个 Bug，相当于 XYC 邮箱 V1.2 版本存在 12 个 Bug，且存在 1 个严重问题，故达不到上线标准。

（4）开发人员随后对 XYC 邮箱 V1.2 版本的这 12 个 Bug 进行修复，Bug 修复完成后，就把修复后的软件重新命名为 XYC 邮箱 V1.3 版本，以区别 V1.2 版本。接着测试人员就会在 V1.3 的版本上进行第四轮的回归测试以验证开发人员是否修复了这 12 个 Bug，结果发现仅有 2 个 Bug 存在，且这 2 个 Bug 都是建议性的问题，并不影响用户对功能的使用和体验，达到上线标准，此时 XYC 邮箱 V1.3 版本就可以上线让用户使用了。

以上展示的就是一个回归测试的基本流程，从中可以看到：

（1）即使上一轮的 Bug 被修复了，在下一轮的测试中还可能发现新的 Bug，并不是说上一轮的 Bug 修复好了就不会再出现其他问题了；

（2）软件测试并不是测试一轮就完成了，一般情况下，一个软件产品可能需要经过多轮反复测试和验证才能达到上线标准。

8.4.2 回归测试的基本策略

回归测试的策略一般由测试经理或测试组长制定，初级软件测试人员只要按相应的策略执行测试即可。现以 XYC 邮箱的测试为例，简要介绍一下回归测试的基本策略。

（1）回归测试时执行全部的测试用例。

XYC 邮箱 V1.0 版本的第一轮测试中发现 100 个 Bug，那么在第二轮的回归测试中，除了测试这 100 个 Bug 之外，其他所有功能点的测试用例需要重新再执行一遍，这样做的原因在于，回归测试的 V1.1 版本是在修改了 V1.0 版本存在的 100 个 Bug 的基础上建立起来的。由于修复了大量的 Bug，这就意味着要改动大量的代码，当多处代码被改动后谁也不能保证其他功能点不受影响，所以对所有的功能点进行测试是比较保险的，也是比较周密的，不会遗漏任何的测试点。使用此策略的时间周期和人力成本也是比较高的，一般情况下，当第一轮测试发现的 Bug 数量过多的情况下，第二轮回归测试应该执行全部的测试用例。

（2）选择重要的功能点、常用的功能点、与 Bug 相关联的功能点进行回归测试。

XYC 邮箱的第二轮回归测试中又发现了 40 个 Bug，那么在第三轮的回归测试过程中，除了要测试这 40 个 Bug 之外，还应当把重要的功能点、常用的功能点、与 Bug 相关联的功能点的测试用例再执行一遍，其他次要的测试用例可在时间充足的情况下选择性执行。

（3）选择性执行关键功能点的测试用例。

XYC 邮箱的第三轮回归测试中又发现了 12 个 Bug，那么在第四轮的回归测试过程中，除了测试这 12 个 Bug 之外，还可以选择性地执行一些关键功能点的测试用例，其他测试用例可在时间充足的情况下选择性执行。

（4）仅测试出现 Bug 的功能点。

如果测试组认为软件的功能点已经十分稳定了，回归测试的时候可选择仅测试出现 Bug 的功能点。

每个策略都有其适应的场景，不能一概而论，应当以 Bug 的数量和严重程度为导向，深入分析，然后得出适合本项目的回归测试策略。

回归测试是在系统测试人员完成了需求评审、测试计划、用例设计、环境搭建、Bug 提交等关键性的测试工作之后所要开展的工作，可以说此时的测试人员已经完全融入测试体系当中，也完全可以胜任相应的测试工作了。至于回归测试的策略，初级软件测试人员可通过先学习测试经理制定的策略，再从执行回归测试策略过程中进一步提升自己的测试经验。

8.5　本章小结

8.5.1　学习提醒

（1）本章介绍 Bug 所包括的基本信息、测试管理工具的基本使用流程、Bug 的提交与转发、回归测试等内容，目的是让初级软件测试人员尽快融入测试的流程中。

（2）发现 Bug 并提交 Bug 是初级软件测试人员最主要的任务之一。而测试管理工具（本书以禅道为例）是测试人员最为重要的工具之一，测试人员发现的所有 Bug 都要在禅道系统上详细描述，然后提交给开发人员，开发人员需要从禅道系统上获取 Bug 信息，然后进行修改，可以说 Bug 是测试人员和开发人员的交互中心。

（3）初级软件测试人员入职后，应尽快地熟悉测试管理工具、Bug 的处理流程、测试组沟通协作方式等细节问题，以便让自己更快地进入工作状态。

8.5.2　求职指导

一 | 本章面试常见问题

问题 1：一个完整的 Bug 包括哪些内容？

参考回答：请参考 8.1.1 节。

问题 2：一个 Bug 包括哪些常用状态？

参考回答：请参考 8.1.1 节。

问题 3：Bug 的处理流程是怎样的？

参考回答：请参考 8.2.3 节。

问题 4：如何提交一个高质量的 Bug？

参考回答：我个人觉得提交一个高质量的 Bug，以下几点很重要。

第一点是 Bug 的概要，通过 Bug 概要可以让项目组其他成员知道这个 Bug 单描述的是什么问题；第二点是 Bug 的具体描述，也就是 Bug 重现的步骤，Bug 记录的细节越详细越好，包括出错前后所执行的操作步骤、所涉及的具体数据等；第三点是附上相应的截图和日志，特别是截图，清晰和正确的截图能为此 Bug 提供有力的说明和证据；第四点是所测软件的版本号及测试的环境要写清楚，不同的版本，不同的环境都可能造成不同的测试结果。当然 Bug 的其他信息点都应当正确描述。

问题 5：如果你发现的这个 Bug 的操作步骤在测试用例中没有提到，你怎么处理？

参考回答：这就需要把发现这个 Bug 的操作步骤补充到测试用例当中，以便下一次测试时能注意到这个问题。

问题 6：如果你和开发人员对 Bug 发生了争议，你怎么处理？

参考回答：请参考 8.3 节。

问题 7：如果你发现了一个 Bug，但之后再也没法重现，你怎么办？

参考回答：遇到这类问题，我首先会截图，并搜集日志，以保留好测试现场。没有重现的问题可能是没有触发引起此 Bug 发生的某个点，所以作为测试人员我会想方设法尽可能地让这个 Bug 重现。如果实在无法重现，我还是会提交此 Bug 给开发人员，如果有截图和日志，也将一并附上。如果开发人员要求重现，那测试人员就需要在后期继续观察，如果最终还是无法重现，则会把此问题反应给测试经理，由测试经理同开发人员进行评审以及商量解决的方法。虽然现在没有重现，但是不能保证在用户那里不会出现。

问题 8：如果开发人员不修改你发现的 Bug，给出的原因是修改的成本比较高，这个 Bug 只是影响用户体验而已，你怎么办？

参考回答：我觉得凡是影响用户体验的问题都是大问题，如果用户体验没有做好，我觉得这就不是一款好的产品。其次如果每个问题都因修改成本高而不去修改的话，是无法持续提升产品质量的，我觉得只要是问题，无论大小，测试人员都应当要求开发人员去修改。这是对产品负责，也是对用户负责。

问题 9：你所了解的测试管理工具有哪些，你用的是什么？

参考回答：我所了解的测试管理工具有 TD、QC、禅道、Mantis、JIRA 等。我之前的项目组所使用的测试管理工具是禅道。

问题 10：一个软件版本，你们一般要测试多长时间？

参考回答：一般情况下，一个软件版本要测试三到五轮，每一轮的测试时间也不能一概而定，受很多因素的影响，例如会受需求规模、测试人员、测试技术、软件的质量等各方面因素的影响，具体要视实际情况而定。

问题 11：能讲一下回归测试的基本策略吗？

参考回答：请参考 8.4.2 节。

二｜面试技巧

初级软件测试人员在面试过程中千万不要面试官问一句，就答一句。面试的时候要积极主动地与面试官交流你对此问题的看法，如果面试官问到了你熟悉的问题，此时更要抓住机会主动深入展开对该问题的回答，如果熟悉的领域你不深入展开，不熟悉的领域你又不知道，你觉得面试会通过吗？

如果面试过程中由于紧张，本来能回答的答案一下子全忘了，此时可以跟面试官说"不好意思，有点紧张，我可以重新说一次吗？"或者说"不好意思，有点紧张，能不能待会儿再回答你这个问题？"这些都是可以的。

第9章 软件测试报告

回归测试工作完成后，就代表着产品即将上线，此时每个测试人员都需要针对自己所测试的模块出具一份测试报告，以此来总结测试结果。可以说测试报告是测试人员在测试阶段的最后一份输出文档。那么初级软件测试人员应如何撰写测试报告呢？本章将对此进行简要说明。

9.1 软件测试报告的定义

如何理解软件的测试报告呢？其实很简单，测试报告是一份描述软件的测试过程、测试环境、测试范围、测试结果的文档，用来分析总结系统存在的风险以及测试结论。接下来，本书简单描述一下这些内容的意义。

（1）测试过程

测试过程需要对测试人员、测试时间、测试地点、测试版本等信息进行描述。其他测试过程中发生的关键信息均可在这里进行描述。

（2）测试环境

测试环境指的是软件环境和硬件环境（主要描述前台环境，此环境同测试计划中的环境），其他相关联的辅助环境均可在这里进行描述。

（3）测试范围

测试范围指的是具体所测模块及分布在该模块上的所有功能点。与之有关联的信息也可在这里进行描述。

（4）测试结果

测试结果主要指测试用例执行情况的汇总、执行结果通过率、Bug 的问题汇总、Bug 的分布情况等。其他有关联的测试结果均可在这里进行描述。

（5）系统存在的风险

系统存在的风险主要指的是系统中遗留的 Bug 会对软件造成什么风险。其他风险信息均可以在这里进行描述。

（6）测试结论

测试结论指在报告的最后给出一个是否能上线（通过）的结论。

（7）附件清单

附件清单主要指测试用例的清单和 Bug 清单，这些清单也需要一并放在测试报告中。

9.2 软件测试报告模板

通过 9.1 节，我们了解到编写测试报告需要考虑的内容，那么测试报告中的这些内容将如何在一份测试报告文档中体现出来呢？本小节将对通用的软件测试报告模板进行介绍，从而让读者能够了解如何编写测试报告文档。

以下是一份写信模块的测试报告模板。

一 ｜ 编写目的

测试报告中需要描述编写目的。在测试报告中，可以用下面这句话来体现编写目的。

本次测试报告为公司开发的 XYC 邮箱写信模块的系统测试报告，目的在于总结测试阶段的测试情况以及分析测试结果，并检测系统是否符合需求文档中规定的功能指标。

二 ｜ 模块功能描述

测试报告中需要对测试模块的功能进行整体性描述，如下文。

用户通过指定收件人地址、主题、附件、正文、添加抄送人地址和密送地址等方式来达到发送邮件的目的，并且测试系统同时支持实时发送、定时发送、存草稿、预览、新窗口写信等功能。

三 ｜ 测试过程

模板中采用了表格的形式，将测试过程中的测试时间、测试地点、测试人员、测试版本具体展现出来，见表 9-1。

表 9-1　测试过程模板

测试时间	测试地点	测试人员	测试版本
2018/03/01—2018/03/28	** 研发部	王五	XYC 邮箱 V1.0 XYC 邮箱 V1.1 XYC 邮箱 V1.2 XYC 邮箱 V1.3

四 ┃ 测试环境

表 9-2 和表 9-3 分别为测试报告中描述系统测试软件环境和硬件环境的模板。

表 9-2　测试环境模板（软件环境）

终端类别	操作系统	应用软件
PC	Windows 10	Windows 10，IE11

表 9-3　测试环境模板（硬件环境）

终端类别	机器名称	硬件配置
PC	联系商务机	CUP：酷睿 i5，内存：三星 8GB， 硬盘：三星 500GB

五 ┃ 功能点测试范围

表 9-4 是本例中邮箱写信模块测试报告中功能点测试范围的模板。

表 9-4　测试范围模板

一级模块	二级模块	主要功能点	是否通过
写信	实时发送	单击"发送"按钮后邮件发送成功	通过
	定时发送	可以设置邮件发送时间，邮件在指定时间发送成功	通过
	存草稿	邮件发送前可以进行存草稿操作	通过
	预览	可以预览邮件	通过
	新窗口写信	可以正常打开写信窗口，并能在新开的写信窗口输入收件人地址、主题、附件、正文、添加抄送和密送等信息	通过

六 ┃ 测试执行结果

测试报告中需要对测试执行过程中发现的 Bug 汇总情况及分布情况进行说明，通常会用一段文字概述，如"本次测试邮箱写信模块一共发现 22 个 Bug，这 22 个 Bug 已被开发人员全部修复，现已处于关闭状态。"并附上分布图，见表 9-5、表 9-6。

表 9-5　Bug 汇总

	致命	严重	一般	轻微	建议	总数
总数	0	2	10	6	4	22
已关闭数	0	2	10	6	4	22
遗留 Bug 数	0	0	0	0	0	0

表 9-6　Bug 分布

一级模块	二级模块	Bug 数量	其他说明
写信	实时发送	5 个	无
	定时发送	5 个	无
	存草稿	8 个	无
	预览	4 个	无

七｜风险评估

测试报告中需要根据测试结果评估本次测试存在的风险以及应对策略，表 9-7 为本例模板中的风险分析。

表 9-7　风险评估

风险	应对策略
本次测试的版本中，并没有对上传的附件进行病毒扫描	建议后期的版本中加入病毒扫描的功能

八｜测试结论

测试报告中需要对本次测试进行总结，给出测试结论，如下文。

本次测试的主要功能是 XYC 邮箱的写信模块，本次测试覆盖了写信模块的所有测试用例，功能都已实现，符合需求文档的要求，测试通过，具备上线的条件。

九｜附件

测试报告中可以附上测试过程中所产出的各类输出文档，如本例中的写信模块的测试用例、写信模块的 Bug 清单。

本报告模板十分简单，并没有引入太多细节性的内容和复杂条件，目的是便于理解。在实际工作中，每个公司都有相应的报告模板，模板格式和内容也不同，只要按照要求去填写测试过程和测试结果即可。随着测试的不断深入，初级软件测试人员便慢慢可以在报告中体现出更多更细的内容。

9.3　本章小结

9.3.1　学习提醒

测试报告是项目测试完成后的一个总结性文档，大家需要注意的是，通常整个系统的测试报告由测试经理整理完成，测试人员本身只负责自己所测模块的测试报告。在整个测试流程中，初级软件测试人员并不用过多担心测试报告怎么编写，而应该把自身领域的两件关键事情做好，一件是测试用例的设计工作，另一件是测试用例的执行工作（包含执行测试用例以及提交测试过程中发现的 Bug）。测试工作做好了，测试报告的编写便是水到渠成的事情了。

9.3.2　求职指导

一│本章面试常见问题

问题 1：你写过测试报告吗？

参考回答：写过，不过我们写的都是我们自己所负责模块的测试报告，整个系统的测试报告由测试经理整理完成。

问题 2：一份测试报告都包括哪些内容？

参考回答：请参见 9.1 节。

问题 3：软件测试工作结束的标准是什么？

分析：软件测试工作的结束并没有一个固定的标准，都是相对的，对于初级软件测试人员而言，可以从大家熟悉的话题进行阐述。

参考回答：我觉得软件测试结束的标准有以下几个前提。

第一，我们已按照测试计划中的安排完成了所有的测试工作。

第二，测试用例已全部执行完成，并且执行通过率达到标准。

第三，每个测试人员手上的Bug都处于关闭状态。

第四，回归测试全部执行完毕，没有发现会影响产品上线的Bug，软件产品达到了上线标准。

第五，每个测试人员所负责的测试报告已完成，并提交给了测试经理。

如果上面的工作都已完成，我觉得测试工作就基本结束了。

问题4： 软件的测试流程是怎么样的？

参考回答：一般情况下，一个完整的测试流程包括需求评审、测试计划制定、测试用例设计、用例评审、环境搭建、测试执行（提交Bug、回归测试）、撰写测试报告等。

问题5： 软件测试是在什么阶段介入的？

参考回答：一般情况下，对于功能测试人员，我们是在进行系统测试的时候介入的。

问题6： 你如何理解测试这一份工作？

参考回答：我觉得软件测试的主要任务是发现软件中的Bug，所以软件测试对于软件的质量有明显的改善作用。其次，测试人员测试的对象是开发人员开发出来的软件产品，所以对于开发工作能起到一定的监督和推动作用。最后，我觉得软件测试能缩短软件开发的周期，加速软件发布的进程。

问题7： 如果我们录取了你，你将如何更快地进入工作状态？

参考回答：首先，我会熟悉项目组成员情况，包括开发人员、测试人员、产品人员。其次，我会从熟悉需求文档开始，依次熟悉测试组的测试用例、Bug管理工具以及Bug库里已提交的Bug。最后，我会向测试组的老同事或我的导师请教测试组的基本工作流程等细节问题，并结合测试经理所分配的任务，通过这些任务熟悉整个测试流程和工作要点。

问题8： 软件测试能否发现所有的Bug？

参考回答：我觉得软件测试受测试时间、测试人员的数量、测试人员的技术等方面的因素，是没有办法发现所有Bug的。有些Bug需要在特殊环境下或是长期使用软件的情况下才能被发现。一般情况下，软件交付给用户使用后，都不应该有影响用户使用和体验的Bug出现。万一在用户使用的过程中发现了Bug，那应该迅速打补丁或是升级软件。

问题 9： 软件测试应遵循什么原则？

参考回答：我觉得软件测试应遵循 80/20 原则，即容易出现问题的模块或是问题较多的模块要重点测试。

二 | 面试技巧

问题： 一份测试报告都包括哪些内容？

参考回答：测试报告包括的内容有软件的测试环境、测试依据等。测试环境指的是软件环境、硬件环境以级其他相关联的辅助环境。测试依据指的是测试用例和需求文档以及相关联的文档等。

请注意，回答问题的时候不要只顾着回答大标题，每个大标题中所包括的主要内容也要进行回答和分析，因为它代表了你做事情的深入程度，也代表了你对此问题的熟悉程度，回答问题越细致，在面试官那里越容易加分。

第10章　初识 Web 自动化测试技术

初级软件测试人员不会一直停留在手工测试（功能测试）上，大多数的初级软件测试人员在具有一定的手工测试能力之后都会慢慢接触 Web 自动化测试技术。自动化测试可以理解为通过代码让计算机自动对软件进行测试。随着市场需求的变化，90% 的企业在招聘测试人员时，都会提出对 Web 自动化测试的相关要求，可以说 Web 自动化测试技术是初级软件测试人员发展的必经之路，它是初级软件测试人员难以避开的一个话题。

自动化测试与手工测试相比，最大的一个区别是要求测试人员掌握一门脚本开发语言，这对于很多没有编程基础的人来说也许是一道难题，但其实自动化测试人员的编程工作不同于开发人员的编程工作，自动化测试的编程要容易得多，初学者即便在编程能力不是很强的情况下，通过自身的学习也可以胜任相关的自动化测试工作。

在本章中，大家将学习目前在 Web 业界非常流行的自动化测试工具 Selenium WebDriver，大多数软件测试工程师的招聘要求中都能看到 Selenium WebDriver 的身影。

Selenium WebDriver 到底是什么呢？简单地说，Selenium WebDriver 是一个被打了包的模块，该模块内部封装了一套可以操作网页元素的方法，当然单靠这个打了包的模块是没有办法完成 Web 自动化测试工作的，还需要程序把模块里面的方法调用出来才能实现对网页元素的操纵。如何调用 Selenium WebDriver 模块的方法呢？这就需要掌握一种脚本语言！由于 Python 语言是当前最为流行，同时也是最易学习的脚本开发语言之一，本书将选用 Python 语言作为 Selenium WebDriver 的开发语言，也就是通过 Python 写的程序来调用模块里的方法，从而来实现对网页元素的操纵。

本章共安排了五节，其中前两节是学习 Selenium WebDriver 工具的两个基础章节，第三节是关键章节，本节描述了利用 Python 调用模块中的方法，第四节和第五节介绍 Selenium WebDriver 的初步运用。

本章的知识点完全可以零基础学习，本章内容涉及的所有代码均在 Windows 7 旗舰版操作系统中的 Firefox 浏览器（版本为 63.0.3 64 位或更高版本）上测试通过，建议初学者也使用这样的环境，如果使用了其他环境可能会与本章的内容不相匹配。

10.1　HTML 基础

把 HTML 语言作为学习 Selenium WebDriver 工具的入门点是最好不过的了，因为 HTML 语法简单，即学即用，可以提升初学者的信心。

为什么一开始就要学习 HTML 语言呢？原因很简单，Selenium WebDriver 模块中的方法操纵的对象是网页元素，而网页元素是由 HTML 语言编写的，所以大家很有必要了解一下 HTML 语言。

提到 HTML 文档，有些人可能会感到陌生，但要提到网页，相信很多人就很熟悉了。其实一个 HTML 文档指的就是一个网页，如何制作一个网页呢？下面来看几个实例。

例 1： 制作一个简单的网页。

```
<html>
    <head>
    </head>
    <body>
    我的第一个网页
    </body>
</html>
```

【代码分析】
- 一个完整的 HTML 文档是以 <html> 标签开始，然后以 </html> 标签结束的。
- 网页的正文"我的第一个网页"是放在 <body> 和 </body> 标签内的，body 标签称为正文标签，凡是在网页正文中直接展示的内容都需要放在 <body> 和 </body> 标签内。
- <html> 和 </html>、<body> 和 </body> 标签都是成双成对的，所以也称它们为双标签。

将以上代码另存为文件名是 1.html 的文件，它是一个 HTML 格式的文件。再通过浏览器打开这个文件，就可以看到网页展示的效果，如图 10-1 所示，网页的正文"我的第一个网页"显示在网页中。

例 2： 制作一个带有标题的网页。

在记事本中，输入以下代码。

■ 图 10-1　网页正文

```html
<html>
    <head>
        <title> 制作网页 </title>
    </head>
    <body>
    我的第一个网页
    </body>
</html>
```

【代码分析】

● <title> 和 </title> 双标签是专门用来设置网页标题的，因此，此网页显示的标题为"制作网页"。

● <title> 和 </title> 双标签被放置在了 <head> 和 </head> 标签里，<head> 和 </head> 被称为头部标签，不需要在网页正文直接显示的内容都需要放在头部标签里。

● 可以这样来理解一个 HTML 文档的结构：在一个 HTML 文档中，整个文档是以 <html> 标签开始的，其中头部内容是以 <head> 标签开始的，并以 </head> 标签结束，也就是说当看到标签中带有斜杠时，就代表着该标签的内容结束了。而正文内容是以 <body> 标签开始，并以 </body> 标签结束的，也就是说当看到 </body> 这个标签时，就代表着正文的内容结束了。当看到 </html> 这个标签时就代表着整个 HTML 文档结束了。

将以上代码另存为文件名是 2.html 的文件，并通过浏览器打开后，展示的效果如图 10-2 所示，网页的标题"制作网页"显示在了网页上方，网页的正文显示在网页中。

例 3：向网页中插入一个文本输入框。

在记事本中，输入以下代码。

■ 图 10-2　有标题的网页

```html
<html>
  <head>
    <title> 信息输入标签 </title>
  </head>
  <body>
  我的第一个网页
    <input id = "u2" maxlength="8" name ="w2" type="text">
  </body>
</html>
```

【代码分析】

● <input> 标签的作用：提示用户在这里可以输入数据，而 id、maxlength、name、type 这 4 个字段则是 <input> 标签的属性。

● type="text" 的含义：进行数据输入的地方是一个文本输入框。

● id ="u2" 的含义：给这个文本输入框编一个 id 号，其 id 号为 "u2"。当有多个文本输入框时，通过这个 id 号就可以快速识别出此文本输入框（这个 id 号就如人的身份证号码一样）。

● name ="w2" 的含义：给这个文本输入框命名（就像给一个人起名字一样），其文本输入框的名字是 w2。

● maxlength="8" 的含义：这个文本输入框最长可以输入 8 个字符。

● <input> 标签是单个出现的，所以它被称为单标签，由于输入框是直接显示在网页的正文中，所以 <input> 标签放在了 <body> 和 </body> 正文标签里面。

将以上代码另存为文件名是 3.html 的文件，并通过浏览器打开后，展示的效果如图

10-3 所示。

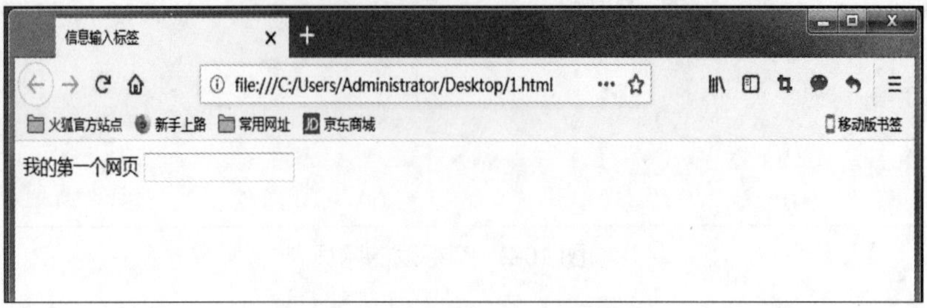

■ 图 10-3　带有输入框的网页

例 4： 向网页中插入一个超链接。

在记本事中，输入以下代码。

```html
<html>
  <head>
    <title> 自定义超链接标签 </title>
  </head>
  <body>
    我的第一个网页
  <br>
    <input id = "u2" maxlength="8" name ="w2" type="text">
  <br>
    <a href="http://www.ptpress.com.cn/"> 人民邮电出版社 </a>
  </body>
</html>
```

【代码分析】

- <a> 标签的作用是定义一个超链接。

- href 是 <a> 标签的重要属性，它的作用是指定链接的目标，本代码的意思是为"人民邮电出版社"指定链接的目标，当在页面上单击"人民邮电出版"时系统就自动链接到"http://www.ptpress.com.cn/"这个网址。

- 为了页面效果，这里加入
 标签，这个标签的作用是换行。

将以上代码另存为文件名是 4.html 的文件，并通过浏览器打开后，展示的效果如图 10-4 所示。

■ 图 10-4　带有链接的网页

本节说明如下。

在一个 Web 页面中，出现最多的两个网页元素就是文本输入框和链接，而且这两个网页元素也是 Selenium WebDriver 工具比较常操作的两个元素，所以本节内容将 <input> 标签和 <a> 标签进行了单独讲解。

10.2　Xpath 定位技术

Selenium Webdriver 模块想要操纵网页元素首先得定位到该网页元素，只有在页面上找到了该网页元素，才能对网页元素执行相关的操作。如果 Selenium Webdriver 定位不到网页元素，那么自动化测试工作将无从谈起。如何定位到网页元素呢？这里就要学习 Xpath 定位技术。Xpath 是可以在 HTML 文档中查找相关信息的语言，在 10.1 节的基础上，本节将利用 Xpath 来实现对网页元素精准定位。同时本节将会介绍 Xpath 定位技术及所需要的工具。

10.2.1　安装 ChroPath 插件

ChroPath 插件是 Firefox（火狐）浏览器的一个插件，可协助测试人员快速进行网页元素的定位，所以在学习 Xpath 定位技术之前，需要将此插件安装好，具体安装方法如下。

（1）单击 Firefox（火狐）浏览器最右侧的菜单按钮，然后选择"附加组件"选项，如图 10-5 所示。

■ 图 10-5 选择"附加组件"

（2）选择"附加组件"选项后，将进入以下页面，如图 10-6 所示，单击左侧"扩展"按钮。

■ 图 10-6 附加组件管理器

（3）在以上页面的搜索框内输入"ChroPath"进行搜索，搜索结果如图 10-7 所示。

■ 图 10-7 搜索结果页面

（4）单击图 10-7 中"ChroPath for Firefox"链接后将进入以下页面，如图 10-8 所示。

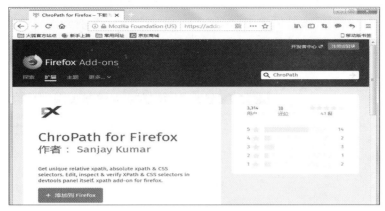

▓ 图 10-8　下载页面

（5）单击"添加到 Firefox"按钮后将出现以下弹框，如图 10-9 所示。

▓ 图 10-9 添加到 Firefox

（6）在弹出的提示框中选择"添加"后将提示插件已安装到 Firefox 中，如图 10-10 所示。

▓ 图 10-10　添加成功

（7）最后单击"确定"按钮，ChroPath 这个插件就已安装成功。

可以用以下方式查看 ChroPath 的插件页面，打开之前制作的一个网页（任何网页都可以），选定一个网页元素然后单击鼠标右键，接着选择"查看元素"选项，如图 10-11 所示。

图 10-11　查看元素

选择"查看元素"选项后，在网页下方单击"ChroPath"按钮将出现 ChroPath 的主界面，如图 10-12 所示。

图 10-12　ChroPath 主界面

本节说明如下。

具体什么时候会用到此插件，将结合下一小节的内容进行讲解。

10.2.2　Xpath 之绝对路径定位法

Xpath 元素定位有两种常用方式，一种是绝对路径定位法，另一种是相对路径定位法。我们先通过实际例子来介绍绝对路径定位法，具体分析如下。

（1）先来分析刚刚学习过的一段代码，如图 10-13 所示。

■ 图 10-13　代码分析

（2）图 10-13 中的代码通过浏览器运行之后，展示的效果如图 10-14 所示。

■ 图 10-14　运行结果图

（3）选定图 10-14 网页中的输入框，然后单击鼠标右键选择"查看元素"选项，就可以查找到输入框所对应的 HTML 代码，如图 10-15 所示。

■ 图 10-15　查看元素

（4）从图 10-15 中的代码可以看到，输入框所对应的节点为 input 节点（标签也称为节点），其中 input 节点上一级的节点并不是 br 节点，因为 input 节点与 br 节点是平行的。input 节点的上一级节点是 body 节点，因为 input 节点是放在 body 节点里面的，而 body 上一级的节点并不是 head 节点，因为 head 节点与 body 节点也是平行的，并不存在包含与被包含的关系，而 body 上一级的节点应该是 html，因为在 HTML 文档中所有节点都被包含在 html 的节点中，到了 html 这一层就到顶了。

（5）在一个 HTML 文档中，html 节点称为根节点，根节点用斜杠 "/" 表示，那么 /html 就称为根节点；反过来要从根节点找到 input 节点，首先要进入根节点 /html，再由 /html 节点进入 body 节点，再由 body 节点进入 input 节点，那么其路径表达式可以表现为 /html/body/input，其中第一个斜杠 "/" 代表的是根节点，后面的斜杠 "/" 都是节点与节点之间的分隔符。

（6）路径表达式 /html/body/input 是否可以定位此页面上的输入框呢？接下来就要用到 ChroPath 工具，在 ChroPath 工具页面的 "selectors" 输入框中输入 "/html/body/input"，然后按 "Enter" 键，看看是否能定位网页的输入框，如图 10-16 所示。

■ 图 10-16 定位元素

从图 10-16 可以看到，按完 "Enter" 键后此输入框被虚线框起来了，说明该网页元素被成功定位到了。网页下方出现一段英文提示 "1 matching node found. Find the matching node below:" 表示匹配到了一个节点。

本节说明如下。

在 Xptah 定位技术中，我们把从根节点一层一层地定位到需要被定位的页面元素的方法称为绝对路径定位法。但在实际工作中并不提倡使用绝对路径法去定位元素，因为只要 HTML 文档的结构发生了变化，就无法定位到相应的元素，更多的是使用 Xpath 之相对路径法。

10.2.3 Xpath 之相对路径定位法

在实际工作中比较常用的元素定位方法是 Xpath 相对路径定位法，因为在一个网页中大部分的元素都可以使用 Xpath 相对路径定位法去定位，本节将会对相对路径定位法常用的几种方式进行介绍。

一｜相对路径加 id 属性进行元素定位

如果一个节点中含有 id 属性，那么毫无疑问就应该选择 id 属性来进行定位，因为 id 的属性值具有唯一性，可以唯一地标识该网页元素。

它的基本格式：// 任意节点 [@id=' 属性值 ']，如表达式：//a[@id='login_home']，"//" 代表的是当前 HTML 文档中的任意节点，//a 的含义是在当前 HTML 文档中找到所有的 a 节点，//a[@id='reg_home'] 的含义是在当前 HTML 文档中找到一个 id 属性值为 "login_home" 的 a 节点。由于每个节点的 id 号都是唯一的，所以只要知道此节点的 id 号，就可以找到该节点，也等于定位到了该节点所对应的页面元素。这就如同一个人的身份证一样，身份证上有很多属性：姓名、性别、出生年月、地址、身份证号码等，但姓名、性别、出生年月、地址这些属性是可以相同的，唯有身份证号码是唯一的，所以只要知道了身份证号码就可以定位到这个人，但如果只知道姓名、性别、出生年月或地址中的一项就可能会定位到多个人。

请注意，相对路径加 id 属性书写方式：//a[@id=' login_home ']，其中 a 节点要放在 "//" 的后面，而 a 节点中 id 属性和 id 属性值是放在中括号里面的，并且属性前要加一个 "@" 符号，本书中路径表达式中的属性值将全部使用单引号括起来。

在相对路径加 id 属性进行定位的时候还有一种格式：//*[@id 属性 = 属性值]，"*" 号代表的是任意节点，其含义是在 HTML 文档的所有节点中查找属性 id 等于某个值的结点。因为 id 具有唯一性，所以同样可以定位到节点。

接下来，就用相对路径加 id 属性方式进行元素定位，看是否可以成功定位到页面上的元素，具体操作步骤如下。

（1）以人民邮电出版社首页的"登录"链接为例，先查看"登录"链接所对应的 HTML 代码，如图 10-17 所示。

■ 图 10-17　查看代码

（2）将此"登录"链接所对应的 HTML 代码复制出来，具体代码：<a id="login_home" href="/login" target="_blank"> 登录 </a>，从这行代码可以看出，a 节点明显带有 id 属性，所以要定位到"登录"这个链接，此元素的相对路径表达式就可以写成：//a[@id='login_home']。

（3）将此路径表达式放在 ChroPath 工具进行定位，如图 10-18 所示。

■ 图 10-18　定位"登录"链接

可以看到，在"selectors"输入框输入相对路径并按下"Enter"键后，"登录"链接已经被虚线框住，说明已经成功定位到该元素。

二｜相对路径加非 id 属性进行元素定位

如果在节点中，开发人员并没有为这个节点加上 id 属性，那么就需要利用该节点的其他属性进行元素定位，因为其他属性的属性值在整个 HTML 文档中可能也具有唯一性，如果这些属性的属性值具有唯一性，那自然也可以定位到该节点所对应的页面元素。

它的基本格式：// 任意节点 [@ 非 id 的任意属性 =' 属性值 ']，如表达式：//input [@name='username']，"//" 代表的是当前 HTML 文档中的任意节点，//input 的含义是在当前 HTML 文档中找到所有的 input 节点，//input[@name='username'] 的含义是在当前 HTML 文档中找到一个属性为 name 并且其属性值为 "username" 的 input 节点。如果 name 的属性值具有唯一性，那么就很容易找到该节点，自然也就找到了该节点所对应的页面元素。

接下来就用相对路径加非 id 属性的方式进行元素的定位操作，看是否可以成功定位到页面上的元素，具体操作步骤如下。

（1）以人民邮电出版社会员登录页面的 "用户名 / 手机号" 输入框为例，先查看 "用户名 / 手机号" 输入框所对应的 HTML 代码，如图 10-19 所示。

图 10-19　查看代码

（2）将此 "用户名 / 手机号" 输入框所对应的 HTML 代码复制出来，具体代码：
<input name="username" type="text" class="form-control user_phone" placeholder=" 用户名 / 手机号 " maxlength="11"onkeyup="this.value=this.value.replace(/\D/g,'')" onafterpaste="this.value=this.value.replace(/\D/g,'')" onblur="phoneVer(this)">。从这行代码可以看出，input 节点并没有 id 属性，但有 name 属性，并且 name 的属性值具有唯一性，所以要定位到 "用户名 / 手机号" 输入框，此元素的相对路径表达式就可以写成：//input[@name='username']。

（3）将此路径表达式放在 ChroPath 工具进行定位，如图 10-20 所示。

可以看到，在 "selectors" 输入框输入相对路径加非 id 属性进行定位后，"用户名 / 手机号"输入框也被成功定位到了。

■ 图 10-20　定位"用户名"

三 ｜ 相对路径加 contains() 函数进行元素定位

如果一个节点既没有 id 属性，其他属性也不具有唯一性，但该元素包含有文本信息，例如 Web 页面一般都包含很多链接，每个链接都包含相应的文本信息，且该文本信息具有唯一性，那么此时可以使用相对路径加 contains(text (),") 函数的方法进行定位，contains是包含文本的意思，通过 contains(text (),") 函数就可以定位到包含某文本信息的页面元素，其中单引号里面存放的就是要定位的文本信息。

它的基本格式：// 包括有文本信息的节点 [contains(text ()," 文本信息 ')]，如表达式：//a[contains(text()," 新闻活动 ')]，"//" 代表的是当前 HTML 文档中的任意节点，//a 的含义是在当前 HTML 文档中找到所有的 a 节点，//a[contains(text()," 新闻活动 ')] 的含义是在当前HTML 文档中找到一个包含文本信息"新闻活动"的 a 节点。如果 a 节点包含的文本信息具有唯一性，那么就很容易找到该节点，自然也就找到了该节点所对应的页面元素。

接下来，就用相对路径加 contains() 函数的方式进行元素定位，看是否可以成功定位到页面上的元素，具体操作步骤如下。

（1）以人民邮电出版社首页的"新闻活动"链接为例，先查看此链接所对应的HTML 代码，如图 10-21 所示。

（2）将此"新闻活动"链接所对应的 HTML 代码复制出来，具体代码：<a href="/newsInfo/list" title=" 新闻活动 "> 新闻活动 </a>，从这行代码可以看出，a 节点带有文本信

息"新闻活动",并且此文本信息具有唯一性,那么此元素的相对路径表达式就可以写成:
//a[contains(text(),' 新闻活动 ')]。

■ 图 10-21　查看代码

（3）将此路径表达式放在 ChroPath 工具中进行定位,如图 10-22 所示。

■ 图 10-22　定位"新闻活动"

可以看到,在"selectors"输入框输入相对路径加 contains(text(),'') 函数进行定位后,"新闻活动"的链接被成功定位。

（4）如果把此元素的表达式"//a[contains(text(),' 新闻活动 ')]"写成"//a[contains(.,' 新闻活动 ')] 或写成 //a[test()=' 新闻活动 ')]"同样可以定位到该元素,也就是两种格式实现了同样的效果。

四 | 相对路径加非 id 属性加 contains() 函数进行定位

如果一个节点既没有 id 属性，其他属性和属性值也不唯一，而且 contains(text (),") 函数中包括的文本信息也不唯一，那么还可以使用相对路径加非 id 属性加 contains(text (),") 函数的方式进行联合定位，因为三者联合在一起时可能就具有唯一性了。

它的基本格式：// 包含有文本信息的节点 [@ 非 id 的任意属性 =' 属性值 '] [contains(text (),' 文本信息 ')]，如表达式：//a[@href='https://www.epubit.com'][contains(text(),' 异步社区 ')]，"//" 代表的是当前 HTML 文档中的任意节点，//a 的含义是在当前 HTML 文档中找到所有的 a 节点，//a[@href='https://www.epubit.com/'] 的含义是在当前 HTML 文档中找到一个属性为 href 其属性值等于"https://www.epubit.com"的节点，而 //a[@href='https://www.epubit.com/'][contains(text(),' 异步社区 ')] 含义是，在当前 HTML 文档中找到一个属性为 href 其属性值等于"https://www.epubit.com"的节点，并要求此节点包含有文本信息"异步社区"。如果 a 节点中的 href 属性值和该节点包含的文本信息联合起来具有唯一性，那么就很容易找到该节点，自然也就找到了该节点所对应的页面元素。

接下来就用相对路径加非 id 属性加 contains(text (),") 函数的方式进行元素定位，看是否可以成功定位到页面上的元素，具体操作步骤如下。

（1）以人民邮电出版社首页下方"异步社区"链接为例，先查看"异步社区"这个链接所对应的 HTML 代码，如图 10-23 所示。

■ 图 10-23　查看代码

（2）将此"异步社区"的这个链接所对应的 HTML 代码复制出来，具体代码：<a

href="http://www.epubit.com.cn" target="_blank"> 异步社区 </a>，从这行代码可以看出，a 节点带有非 id 的属性 href，并且包含文本信息"异步社区"，这两者联合起来具有唯一性，那么此元素的相对路径表达式就可以写成：//a[@href='http://www.epubit.com.cn'][contains(text(),' 异步社区 ')]。

（3）将此路径表达式放在 ChroPath 工具进行定位，如图 10-24 所示。

■ 图 10-24　定位"异步社区"

可以看出，在"selectors"输入框输入相对路径加非 id 属性及 contains(text(),") 函数进行定位后，"异步社区"的链接被成功定位。

五 | 通过 ChroPath 工具自动生成相对路径表达式

对于相对路径表达式，如果要手写需要分析元素所对应的 HTML 代码，这样会比较麻烦，庆幸的是 ChroPath 工具提供了自动生成相对路径表达式的功能，使用方法很简单，只要单击 ChroPath 页面中的"inspect"按钮，再单击页面上的元素，该元素的相对路径表达式就会自动显示出来，如图 10-25 所示。"登录"按钮这个元素的 Xpath 路径就是 //a[@id='login_home']。

在 Firefox（火狐）浏览器中同时也提供了一个非常重要的按钮，即"查看页面元素"按钮，单击此按钮后再将鼠标指针移至网页中的任何元素，都可以快速精确地高亮显示元素所对应的 HTML 代码，如图 10-26 所示。页面下方控制台上的第一个按钮便是"查询页面元素"（select elements in the page）按钮。

图 10-25　自动生成元素相对路径表达式

图 10-26　查询页面元素

本节说明如下。

在实际工作中，建议大家采用 Xpath 的相对路径方式进行网页元素定位，使用相对路径定位时只要节点的属性没有发生改变，即便文档结构发生了改变，也能定位成功。

10.3　Python 面向对象的编程思想

要想了解 Python 调用 Selenium WebDriver 模块的方法，就必须要了解 Python 中面向对象的编程思想。本节将会介绍 Python 开发环境的安装以及 Python 面向对象的编程思想。

10.3.1　Python 的开发环境

没有 Python 开发环境，就开发不了 Python 代码，要想开发编写 Python 代码，第一步就是安装 Python 开发环境，主要安装步骤如下。

（1）前往 Python 官网下载 Python，本书选择的版本是 3.7.1，如图 10-27 所示。

图 10-27　选择 Python 版本

（2）选择 Python 3.7.1，进入下载页面后选择"Windows x86-64 executable installer"
进行下载，如图 10-28 所示。

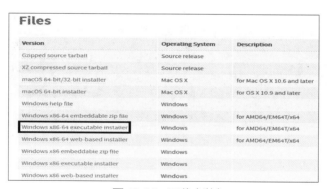

图 10-28　下载安装包

（3）在启动安装程序前，请注意勾选"Add Python 3.7 to PATH"选项，然后再单击
"Install Now"（现在安装）选项，可避免初学者在设置环境变量时出现问题，如图 10-29
所示。

图 10-29　安装

（4）最后进入安装成功的界面，如图 10-30 所示。

■ 图 10-30　安装成功

（5）通过 Dos 命令检查 Python 是否安装正常，直接在命令提示符后面输入"python"，然后按"Enter"键，查询结果如图 10-31 所示。

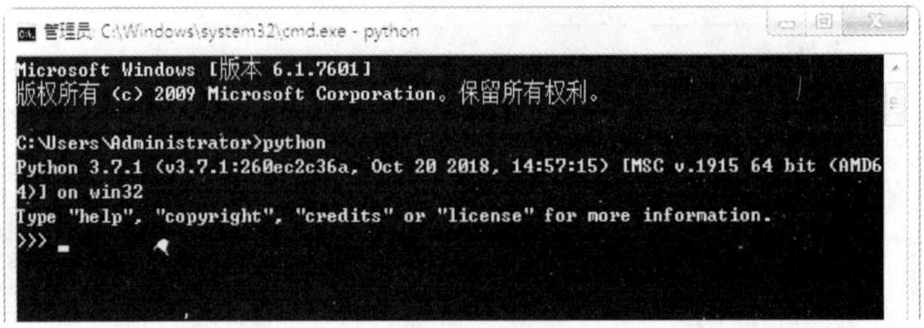

■ 图 10-31　检查安装

（6）通过 Dos 命令检查 Python 自带的辅助工具 pip 是否已存在（pip 工具是用来安装 Selenium Webdriver 模块的），直接在命令提示符后输入"pip --version"，并按"Enter"键（请大家注意不是在">>>"的提示符后输入，可以在">>>"后输入"quit（）"退出 Python 编程模式），查询的结果具体如图 10-32 所示。输入"pip --version"命令后，如果查询出了图 10-32 所示的内容，则说明 pip 已存在。

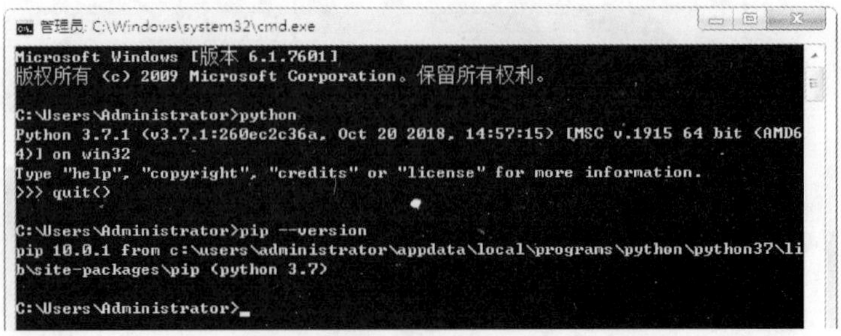

■ 图 10-32　检查 pip

10.3.2　Python 的客户端

当 Python 的开发环境安装成功后，就意味着可以开发 Python 代码了，但具体要在哪个地方开发呢？其实在安装好 Python 的开发环境后，Python 自身就带有一个开发工具——IDLE，可以通过 IDLE 工具来开发 Python 代码，此开发工具可在开始程序里面找到，如图 10-33 所示。

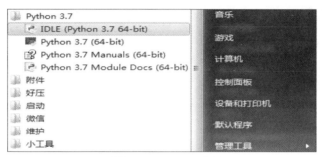

■ 图 10-33　IDLE 位置

用于 Python 客户端的开发工具也有很多，对初学者来说，本书介绍一款功能强大、界面友好的代码编辑器——Sublime Text 编辑器。接下来，一起来安装并使用它，具体步骤如下。

（1）前往 Sublime Text 官网下载 Sublime Text 代码编辑器，下载时注意操作系统的位数，本书下载的版本是 Build 3176，如图 10-34 所示。

■ 图 10-34　SublimeText 下载页面

对于 64 位的 Windows 操作系统，可以直接单击图中"Windows 64 bit"链接下载安装程序，并进行安装。也可以通过单击它后面的"portable version"链接下载一个可移动的便携版本。本书以单击"portable version"链接来示例其下载和安装过程。

（2）单击"portable version"下载完成之后将其解压，如图 10-35 所示。

| Sublime Text Build 3176 x64 | 2018/11/23 8:57 | 文件夹 | |
| Sublime Text Build 3176 x64 | 2018/11/23 8:56 | 好压 ZIP 压缩文件 | 10,932 KB |

■ 图 10-35　下载并解压安装包

（3）打开解压之后的文件夹，如图 10-36 所示。

Data	2018/11/23 8:57	文件夹	
Packages	2018/11/23 8:57	文件夹	
changelog	2018/5/14 9:18	文本文档	47 KB
crash_reporter	2018/5/14 9:32	应用程序	220 KB
msvcr100.dll	2016/1/26 11:24	应用程序扩展	810 KB
plugin_host	2018/5/14 9:32	应用程序	687 KB
python3.3	2018/4/4 16:58	好压 ZIP 压缩文件	2,567 KB
python33.dll	2018/4/4 16:58	应用程序扩展	6,923 KB
subl	2018/5/14 9:32	应用程序	172 KB
sublime	2018/5/10 18:09	Python File	38 KB
sublime_plugin	2018/4/18 14:55	Python File	36 KB
sublime_text	2018/5/14 9:32	应用程序	7,181 KB
update_installer	2018/5/14 9:32	应用程序	129 KB

■ 图 10-36　查看解压后的文件

（4）直接双击图 10-36 中"sublime_text"这个应用程序，就能打开代码编辑器的主界面，如图 10-37 所示。

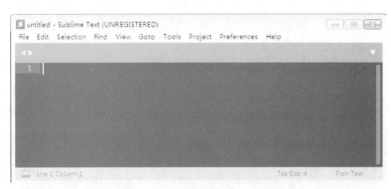

■ 图 10-37　启动 Sublime Text

（5）对初学者而言，在使用 Sublime Text 代码编辑器时，需要注意以下几点。

● Sublime Text 提供了汉化插件，可根据实际需要进行安装。

● Sublime Text 代码编辑器是收费软件，但可以无限期使用，如果使用中弹出了购买提示，只需取消此提示便可。

● 初学者通过 Sublime Text 代码编辑器编写代码时，请在全英文模式下进行。

（6）使用 Sublime Text 代码编辑器编辑 Python 代码，如图 10-38 所示。

■ 图 10-38　编辑代码

（7）编辑完成后需要将代码保存为".py"格式的文件，可通过"Ctrl+S"快捷键进行保存，如图 10-39 所示。

■ 图 10-39　保存文件

（8）保存完成后，还可以对代码进行相应的注释，如图 10-40 所示。

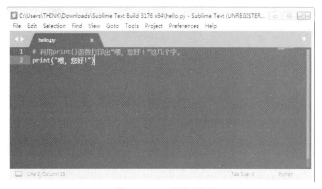

■ 图 10-40　添加注释

注释的作用主要是说明该行代码的功能，如果需要对一行代码进行注释，只需要使用"#"号加若干空格再加注释的内容便可，注释不会影响代码的执行，建议初学者养成写注释的好习惯。

（9）注释完成后，可直接通过"Ctrl+B"快捷键来运行此文件的代码，当代码运行完成后，Sublime Text 代码编辑器的下方将给出程序运行所耗费的时间，如图 10-41 所示。

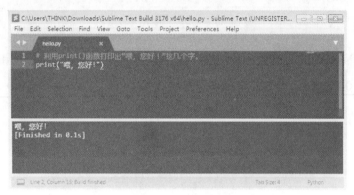

■ 图 10-41　运行程序

（10）当运行代码遇到错误时，Sublime Text 代码编辑器的下方也会给相应的错误提示，如图 10-42 所示。

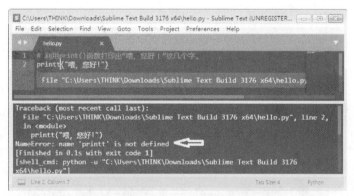

■ 图 10-42　运行错误提示

此时从图中可以看到报错，错误信息"File "C:\Users\THINK\Downloads\Sublime Text Build 3176 x64\hello.py", line 2, in <module>"给出了代码出错的位置，"NameError: name 'printt' is not defined"给出了错误的原因，这是一个语法错误，原因是多加了一个 t，去掉一个 t，保存代码后，再次按下"Ctrl+B"快捷键运行此文件的代码，便可以正常运行此代码了。

本节说明如下。

初学者运行代码的时候会出现很多莫名其妙的错误，通过错误提示可以定位到错误代码的行数和具体错误的原因及类型，这可以帮我们很快定位和解决问题。

10.3.3 类和对象

Python 是基于面向对象的编程语言，那什么是面向对象的思想呢？这要从面向对象的两大概念说起：一个是类，另一个是对象。何为类呢？类是具有相同属性和方法的一类事物的抽象描述，而对象就是这一类抽象事物的具体实例。在程序设计当中，类和对象是什么关系呢？如何利用类和对象解释面向对象的思想？接下来，本节将通过实例来简述这些问题。

一 | 新建类

现实生活中我们经常将年轻有型的小伙叫帅哥，那么帅哥代表的就是年轻有型的一类人，而不是指具体的某个人。既然称得上是帅哥，那么称为帅哥的这一类人肯定有一些共同的行为，具体如下所示。

称为帅哥的这一类人的共同行为如下。

- 唱歌能力
- 跳舞能力

如果要用 Python 代码来描述帅哥这一类人所拥有的共同行为，应该如何描述呢？具体代码如下。

```
01  class Shuaige:
02    def chang_ge (self):
03        print("我会唱歌")
04    def tiao_wu (self):
05        print("我会跳舞")
```

【代码分析】

- 第 01 行代码，class 用来定义一个类名，这里定义了一个叫 Shuaige 的类名，后面跟冒号，那么 Shuaige 就代表了帅哥的这一类人。

- 第 02 行代码和第 03 行代码，def 关键字用来定义帅哥这一类人的共同行为，这里把帅哥的第一个共同行为命名为 chang_ge，行为名后面跟一对括号如 chang_ge()，这种以行为名加括号的方式就构成了一个具体的行为，行为名的括号里面有一个参数 self，这个参数暂时不用理它，chang_ge() 这个行为后面还跟了一行代码：print(" 我会唱歌 ")，这行代码就是行为的具体实现，也就是 chang_ge() 这个行为要实现的就是打印出"我会唱歌"这几个字。

- 第 04 行代码和第 05 行代码，使用关键字 def 继续定义帅哥这一类人的另一个行为，也就是继续定义另一个方法，方法的名字叫 tiao_wu，而 tiao_wu() 这个方法要实现的就是打印出"我会跳舞"这几个字。

【注意事项】

- 在 Python 语言里，把帅哥的共同行为都称为方法，也就是说这里定义了一个名为 chang_ge() 的方法，注意方法名后面有一个冒号。

- 从以上的代码分析可以看到，Shuaige 这个类（也就是帅哥的这一类人）中两个方法（也就是帅哥这一类人所共有的两个行为特征）都被包含在 Shuaige 这个类里面了，也就是说 Shuaige 这个类里面提供了两种方法，而且这两种方法要实现的功能都已经在 Shuaige 这个类的内部准备好了。

二 | 新建对象

以帅哥这一类人为例，对象指的就是帅哥这一类人当中的某一个具体的实例，也就是某一个具体的帅哥，比方说名为 zhangsan 的帅哥。那么 zhangsan 这个具体的帅哥如果用 Python 代码来描述的话，又该如何描述呢？具体代码如下。

```
01  class Shuaige:
02      def chang_ge(self):
03          print(" 我会唱歌 ")
04      def tiao_wu(self):
05          print(" 我会跳舞 ")
06  zhangsan=Shuaige()
```

【代码分析】

● 第 06 行代码，Shuaige 这个类里面是一群帅哥，只要在类名后面加一对括号就会实例化一个帅哥，如 Shuaige() 就会"出炉"一个帅哥，而 zhangsan = Shuaige() 的意思是将刚"出炉"的这个帅哥命名为 zhangsan，此时 zhangsan 就是一个具体的帅哥了。在 Python 语言里把 zhangsan 这个帅哥称为对象或称为实例。

● 在 Python 语言中，把 zhangsan 称为变量，这个变量可以用于保存相关的数据信息，可以理解为变量是一个容器的名字，这个容器可以存放数字、字符串、对象等信息，本例通过 Shuaige()"出炉"的帅哥相当于存放在了一个名为 zhangsan 的容器中，所以 zhangsan 代表了这个帅哥。

● 既然 zhangsan 这个帅哥（实例）是从 Shuaige 这个类里"出炉"的，那它自然也就拥有帅哥这一类人所共有的行为了，也就是说 zhangsan 这个帅哥（实例）拥有 Shuaige 这个类里所包含的方法，这也就意味着 zhangsan 这个帅哥（实例）可以随时调用已在 Shuaige 类里面准备好的方法。

10.3.4　对象的方法

zhangsan 这个帅哥（实例）如何调用 Shuaige 类里面已准备好的方法呢？具体代码如下。

```
01  class Shuaige:
02      def chang_ge(self):
03          print("我会唱歌")
04      def tiao_wu(self):
05          print("我会跳舞")
06  zhangsan = Shuaige()
07  zhangsan.tiao_wu()
```

【代码分析】

● 第 07 行代码，帅哥这个实例调用类中的方法很简单：实例名加"."加具体的方法即可，那么 zhangsan.tiao_wu() 意思是说，zhangsan 这个实例调用类里面帅哥共有的

tiao_wu() 这个方法，而 tiao_wu() 这个方法的作用是打印出"我会跳舞"这几个字。

【注意事项】

● 由于 Python 代码是严格讲究缩进的，这一点非常重要，Sublime Text 代码编辑器默认的缩进方式是"Tab"键，所以在编写 Python 代码时如果需要缩进，那么请使用"Tab"键进行缩进。本例中所有的 def 关键字前需要按一下"Tab"键，所有 print 方法前面需要按两下"Tab"键进行缩进，其他不用缩进。

● 类名、方法名后面需要加"："（冒号）。

● Python 代码对大小写非常敏感，并且要在全英文模式下输入，初学者要特别需要注意，以免引起语法错误，而找不到原因。

【运行结果】

把以上的 Python 代码保存为 Shuaige001.py，并通过 Sublime Text 运行，其运行结果如下。

```
我会跳舞
[Finished in 0.1s]
```

10.3.5　对象的属性

一｜对象的属性

帅哥这一类人除了共有的行为之外，还有其他一些共有属性，例如身高、体重等，一般帅哥身高都在 180cm 以上，体重是 70kg 左右，如果要把帅哥这一类人所共有的属性也加入到刚刚新建的 Shuaige 这个类中，那么 Python 代码又如何表达呢？具体代码如下。

```
01  class Shuaige():
02      def __init__(self,a,b):
03          self.height = a
04          self.weight = b
05      def chang_ge(self):
06          print("我会唱歌")
```

```
07      def tiao_wu(self):
08          print(" 我会跳舞 ")
09  zhangsan = Shuaige(180,70)
```

【代码分析】

● 第 02 行代码，def 关键字用来定义一个方法，这里定义了一个 __init__ 方法，注意 init 前后都有两个下划线，一共是 4 个下划线，__init__ 的方法是一个特殊的方法，这个方法的作用是给 zhangsan 这个帅哥（实例）的属性赋予初始值，也就是说帅哥共有属性被封装在 __init__ 的方法里了。

● 第 02 行代码，__init__ 方法的括号里有 3 个参数，分别是 self、a、b，而 self 这个参数代表的是 zhangsan 这个帅哥。对初学者来说，可以这样理解，在类的外面，用 zhangsan 来代表刚"出炉"的帅哥，在类的内部，就用 self 代表这个帅哥，也就是说 zhangsan 和 self 指向的是同一个人（实例），只是取了两个不同的名字。

● 第 03 行代码和第 04 行代码，既然 zhangsan 和 self 指向的是同一个人，那么 self. height=a 等同于 zhangsan.height=a，那么 a 具体等于多少就要从类的外部的 zhangsan 这个帅哥传递进来。self.weight=b 也是同样的道理。

● 第 09 行代码，前面说过 Shuaige() 会"出炉"一个帅哥，而 Shuaige(180,70) 里带有两个实际的数字，那么这两个实际的参数就会传递给 __init__(self,a,b) 方法中的参数 a 和参数 b，同时在创建 zhangsan 这个帅哥对象时，除了会传递 180 和 70 这两个参数给 a 和 b 外，Python 还会把 zhangsan 这个帅哥自己也传递给 __init__ 方法中的参数 self，这也是为什么说 self 代表的也是 zhangsan 这个帅哥实例。

● zhangsan 这个帅哥（实例）通过 __init__ 的方法把自己拥有的属性封装在了一个叫 Shuaige 类的内部，那么在类的外部，zhangsan 这个帅哥就可以在需要的时候去调用它。

● self 作为一个标识，不管是类中的属性，还是类中的方法，只要它后面跟了 self 这个参数，就说明这个属性和方法是属于帅哥实例的，因为它们指向了同一个人。

二 | 对象调用自己的属性

zhangsan 这个帅哥实例已把自己的属性封装在 Shuaige 这个类里面了，现在 zhangsan 这个帅哥实例需要用到这两个属性，那如何调用呢？具体代码如下。

```
01  class Shuaige():
02      def __init__(self,a,b):
03          self.height = a
04          self.weight = b
05      def chang_ge(self):
06          print("我会唱歌")
07      def tiao_wu(self):
08          print("我会跳舞")
09  zhangsan = Shuaige(180,70)
10  print(zhangsan.height)
11  print(zhangsan.weight)
```

【代码分析】

● 第 10 行和第 11 行代码，帅哥这个实例调用类中已封装好的属性很简单：对象名加"."再加属性名即可。那么 zhangsan.height 意思是 zhangsan 这个帅哥实例要调用自己的"身高"属性，如果要打印出属性的属性值则需要加上 print()，zhangsan.weight 的操作也如此。

【注意事项】

● 既然 self 代表的是 zhangsan 这个实例，那么在类的外部，可不可以使用 self 去调用自己的属性，即以上代码最后一行换成 print(self.weight)，这是不行的，虽然 self 也指向了 zhangsan 这个帅哥（实例），但它只能在类的内部使用。

● __init__() 方法里面有 3 个参数，这 3 个参数要用逗号隔开，同时新建实例时，zhangsan = Shuaige(180,70) 类名里面的 2 个实参同样要用逗号隔开。

【运行结果】

把以上的 Python 代码保存为 Shuaige002.py，并通过 Sublime Text 运行，其运行结果如下。

```
180
70

[Finished in 0.1s]
```

10.3.6 函数及调用

函数的性质跟类里面的方法是一样的，只是函数是独立于类之外的，它是一个独立的个体，用于执行一个特定的功能。定义一个函数跟定义类里的方法是一样的，都是用关键字 def 来定义。

一｜自定义一个无参函数

```
01  def love():
02      print(" 我爱你 ")
```

【代码分析】

● 第 01 行代码，关键字 def 用来定义一个函数（方法），def 后面跟函数名，函数名后面有括号和冒号。

● 第 02 行代码，函数体内有一行代码是"print（"我爱你"）"指的就是这个函数要执行的任务是打印出"我爱你"这几个字。

二｜调用函数

以上定义的 love() 函数是没有任何参数的，调用这种无参函数的方法很简单，具体如下。

```
01  def love():
02      print(" 我爱你 ")
03  love()
```

【代码分析】

● 第 03 行代码，直接通过函数 love() 就可以调用此函数来执行函数体内相应的动作。

【运行结果】

把以上的 Python 代码保存为 love001.py，并通过 Sublime Text 运行，其运行结果如下。

```
我爱你
[Finished in 0.1s]
```

三 | 定义一个有参函数

```
01  def love2(a,b):
02      print(a+b)
```

【代码分析】

● 第 01 行和第 02 行代码,通过 def 定义的 love2() 函数里面有两个参数,分别为 a 和 b,函数体内有一行代码是 print(a+b),那么此函数要执行的任务就是打印出 a+b 的值。

四 | 调用有参函数

调用有参函数的方法很简单,具体代码如下。

```
01  def love2(a,b):
02      print(a+b)
03  love2(8,9)
```

【代码分析】

● 第 03 行代码,通过函数名加实参的方式,如 love2(8,9) 就可以调用此函数,并将 8 和 9 两个实参传递给 love2() 函数中的两个形参 a 和 b。

【运行结果】

把以上的 Python 代码保存为 love002.py,并通过 Sublime Text 运行,其运行结果如下。

```
17
[Finished in 0.1s]
```

10.3.7 导入自定义模块

模块是 Python 语言中非常重要的概念,当把一组代码保存为 .py 格式的文件时,这个文件就是一个模块,在 Python 体系中,一个 Python 文件就是一个模块,前面所提到的 .py 文件其实都是模块。

模块通常由函数和类组成，在这里自定义一个 myboy.py 的文件，即定义一个名为 myboy 的模块。在 myboy 的这个模块中定义一个名为 love() 的函数，同时在 myboy 的模块中还定义了一个名为 Shuaige 的类，而在 Shuaige 这个类中又定义 chang_ge()、tiao_wu 两个方法，该模块的具体代码如下。

```
01  def love():
02      print("我爱你")
03  class Shuaige:
04      def chang_ge(self):
05          print("我会唱歌")
06      def tiao_wu(self):
07          print("我会跳舞")
```

【代码分析】
- 第 01 行代码，定义了一个 love() 函数。
- 第 02 行代码，定义一个名为 Shuaige 的类，并且类中包含了两个方法。

一 | 通过 import 语句导入自定义的模块

当 myboy 模块创建成功后，就可以调用 myboy 模块中的函数和类中的方法，如何调用呢？方法很简单，在 myboy.py 文件（模块）所在的目录创建一个空白 py 文件，并将其命名为 myboy_one.py，通过 Sublime Text 代码编辑器打开 myboy_one.py 这个空白文件，然后在 myboy_one.py 文件中通过 import 语句把 myboy 模块导入就可以达到调用 myboy 模块中的函数和方法的目的，具体代码如下。

```
01  import myboy
02  lisi = myboy.Shuaige()
03  myboy.love()
04  lisi.tiao_wu()
```

【代码分析】

- 第 01 行代码，通过 import 关键字导入 myboy 模块。
- 第 02 行代码，在 Shuaige 类中创建一个名叫 lisi 的帅哥实例，由于调用的是 myboy 模块中的类来创建实例，所以类名前面也需要加上模块名称。
- 第 03 行代码，调用 myboy 模块中的 love() 函数，调用 love() 函数时需要加入模块名称。
- 第 04 行代码，由于 lisi 这个帅哥实例是从 Shuaige 这个类"出炉"的，那它自然可以调用 Shuaige 这个类里的方法。

【注意事项】

- 在前文的例子中已经新建了一个 zhangsan 帅哥实例，怎么这里又新建了一个 lisi 帅哥实例呢？在一个类中可以新建多个实例，Shuaige 这个类代表的是所有帅哥，它里面的方法和属性也是所有帅哥共有的属性和方法，而不是指某一个帅哥的，所以每当从 Shuaige 类里"出炉"一个新帅哥时，这个帅哥就拥有了这些方法和属性。
- myboy.py 文件和 myboy_one.py 文件需要放在同一目录下，如不放在一个目录下，myboy_one 模块将无法调用 myboy 模块中的函数和其类中的方法，对其他放置的方法初学者可暂时不考虑。

【运行结果】

把 myboy_one.py 文件中的代码重新保存，并通过 Sublime Text 运行，其运行结果如下。

```
我爱你
我会跳舞
[Finished in 0.1s]
```

二 | 通过 form…import 语句导入自定义模块

如果在调用模块中的函数和类中的方法时不想使用模块名称这个前缀时，还可以使用 form…import 语句进行导入，如 myboy_one.py 文件（myboy_one 模块）中的代码还可以这样写成如下形式。

```
01  from myboy import love
02  from myboy import Shuaige
```

```
03  lisi = Shuaige()
04  love()
05  lisi.tiao_wu()
```

【代码分析】

- 第 01 行代码，从 myboy 模块中直接导入 love() 函数。
- 第 02 行代码，从 myboy 模块中直接导入 Shuaige 类。
- 第 03 行代码，在 Shuaige 类中创建一个名叫 lisi 的帅哥实例，此时 Shuaige 类前面没有加模块名称这个前缀。
- 第 04 行代码，由于采用了 form…import 语句，所以在 myboy_one 模块中可以直接调用 myboy 模块中的 love() 函数，并且不用加模块名这个前缀。
- 第 05 行代码，由于 lisi 这个帅哥实例是从 Shuaige 类"出炉"的，那它自然可以调用 Shuaige 类里的 tiao_wu() 这个方法。

【运行结果】

把 myboy_one.py 文件中的代码重新保存后，并通过 Sublime Text 运行，其运行结果如下。

```
我爱你
我会跳舞
[Finished in 0.1s]
```

10.3.8 导入 Python 标准模块

自定义模块是需要用户自己去编写的，而在 Python 自身的体系中已经提供了大量的标准模块，这些标准模块是 Python 自带的模块，可以用来完成很多的工作，这些模块不需要用户自己再去编写，因为在安装 Python 时这些标准模块已经安装好了。如何调用 Python 自带的标准模块来实现其功能呢？与前面的自定义模块一样，只需要使用 import 或 from…import 导入语句导入该模块即可。例如，Python 中提供了一个 time 的标准模块，time 模块里面封装的函数和方法能够获取计算机的时间，还可以让程序休眠。在 time 模块就提供了一个名叫 sleep() 的函数，sleep() 函数的作用就是让程序休眠，如果 myboy_one

模块要使用 time 模块中的 sleep() 函数，那该如何调用呢？具体代码如下。

```
01  import myboy
02  import time
03  lisi = myboy.Shuaige()
04  myboy.love()
05  time.sleep(5)
06  lisi.chang_ge()
```

【代码分析】

- 第 01 行代码，通过 import 关键字导入 myboy 模块。
- 第 02 行代码，通过 import 关键字导入 time 模块。
- 第 03 行代码，在 Shuaige 类中创建一个名叫 lisi 的帅哥实例，由于调用的是 myboy 模块中的类来创建实例，所以类名前面也需要加上模块名称。
- 第 04 行代码，调用 myboy 模块中的 love() 函数，调用 love() 函数时需要加入模块的名称。
- 第 05 行代码，调用了 time 模块中的 sleep() 函数，此函数的作用是等待 5 秒再执行下一行的代码，由于使用的是 import 语句导入的，所以调用此函数时需要加入模块的名称。
- 第 06 行代码，由于 lisi 这个帅哥实例是从 Shuaige 类"出炉"的，那它自然可以调用 Shuaige 类里的方法。

【运行结果】

把 myboy_one.py 文件中的代码重新保存后，并通过 Sublime Text 运行，其运行结果如下。

```
我爱你
我会跳舞
[Finished in 5.1s]
```

从以上运行结果可以看到，myboy_one 模块既调用了自定义模块 myboy 中的函数和类中的方法，同时还调用了标准模块 time 中的函数。可以看到这次运行代码消耗时间为 5.1

秒，比没有使用 sleep() 方法时慢了 5 秒。

10.3.9　导入第三方模块（Python 与 Selenium WebDriver 模块的关系）

第三方模块和自定义模块其实是一个意思，因为它们都是 Python 体系以外的模块，例如 Selenium Webdriver 自动化测试工具，这里面的 Selenium Webdriver 其实就是一个第三方开发者提供的模块。在 Selenium WebDriver 这个模块中封装了一套操纵浏览器和网页元素的方法，如果要调用 Selenium WebDriver 模块中的方法，就需要通过 import 语句或 from…import 语句把 Selenium WebDriver 模块导进来，然后再在 Selenium WebDriver 模块中新建一个实例，最后再通过实例调用 Selenium WebDriver 模块中所提供的各类方法进而操纵浏览器以及网页元素。可以说用 Python 语言去写 Selenium WebDriver 自动化代码时，只关心模块的导入、实例的新建以及调用实例的哪个方法去操作页面元素，这便是 Python 和 Selenium WebDriver 之间存在的重要关系。

10.4　Selenium WebDriver 之安装

Selenium WebDriver 是一个第三方模块，并不是 Python 的标准模块，所以在导入这个模块之前还需要将这个第三方模块安装到 Python 的目录中，这样才能使用 import 或者 from…import 语句进行导入。本节将讲解 Selenium WebDriver 模块的安装过程。

10.4.1　安装 Selenium WebDriver

把 Selenium WebDriver 模块安装到 Python 体系中很容易，具体步骤如下。

（1）在 Dos 命令行提示符后面直接执行 "pip install selenium" 命令，然后按 "Enter" 键就会进行 Selenium WebDriver 模块的安装，如图 10-43 所示。

（2）安装完成后，系统将提示安装成功，如图 10-44 所示。

从以上的提示可以看到，Selenium WebDriver 的版本号为 3.141.0。其中后三行提示的是 pip 工具版本太低，pip 工具是 Python 自带的一个安装工具，用于第三方模块的安装工作。可根据需要并依据 "python –m pip install --upgrade pip" 命令对 pip 工具进行升级操作。

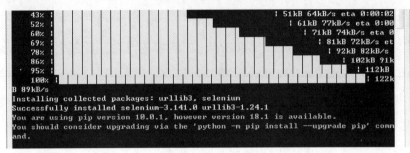

图 10-43　Selenium WebDriver 安装

```
43%|                                          | 51kB 64kB/s eta 0:00:02
52%|                                          | 61kB 77kB/s eta 0:00
60%|                                          | 71kB 74kB/s eta 0
69%|                                          | 81kB 72kB/s et
78%|                                          | 92kB 82kB/s
86%|                                          | 102kB 91k
95%|                                          | 112kB
100%|                                         | 122k
B 89kB/s
Installing collected packages: urllib3, selenium
Successfully installed selenium-3.141.0 urllib3-1.24.1
You are using pip version 10.0.1, however version 18.1 is available.
You should consider upgrading via the 'python -m pip install --upgrade pip' comm
and.
```

图 10-44　安装成功

（3）Selenium WebDriver 模块安装完成后，需要检查一下 Selenium WebDriver 模块是否被正常安装，可在 Dos 命令行的提示符后面执行"pip show selenium"命令，出现如图 10-45 所示的提示，则表明正常安装了。

```
C:\Users\Administrator>pip show selenium
Name: selenium
Version: 3.141.0
Summary: Python bindings for Selenium
Home-page: https://github.com/SeleniumHQ/selenium/
Author: UNKNOWN
Author-email: UNKNOWN
License: Apache 2.0
Location: c:\users\administrator\appdata\local\programs\python\python37\lib\site
-packages
Requires: urllib3
Required-by:
You are using pip version 10.0.1, however version 18.1 is available.
You should consider upgrading via the 'python -m pip install --upgrade pip' comm
and.
```

图 10-45　检查安装结果

（4）如果要卸载 Selenium WebDriver 模块，可以执行"pip uninstall selenium"命令，在这里就不做说明了。

本节说明如下。

通过 pip 工具安装 Selenium WebDriver 的前提是 Python 开发环境已安装好了，并且pip 工具也已准备好了，这个时候才能用"pip install selenium"命令进行安装。通过 pip 这个包管理工具来安装 Selenium WebDriver 的模块十分简单。

10.4.2　配置 Firefox 浏览器的驱动程序 geckodriver.exe

当调用 Selenium WebDriver 模块中的方法去操纵浏览器和网页元素时，Selenium WebDriver 模块还需要加载浏览器的驱动程序，如果不安装浏览器的驱动程序，即便是调用了 Selenium WebDriver 模块中的方法，也驱动不了浏览器去做相关操作。所以除了把 Selenium WebDriver 模块安装进来之外，还应该为 Selenium WebDriver 模块配置浏览器的驱动程序。因为本书用的是 Firefox 浏览器，所以就要配置 Firefox 浏览器的驱动程序 geckodriver.exe。配置 geckodriver.exe 流程如下。

（1）读者可自行上网搜索并下载 Firefox 浏览器的驱动程序 geckodriver.exe，请根据操作系统位数选择合适的驱动程序，本书下载的版本为"geckodriver-v0.23.0-win64.zip"，如图 10-46 所示。

■ 图 10-46　下载

（2）下载完成后将其解压，打开解压之后的文件，如图 10-47 所示。

■ 图 10-47　解压

（3）查找 Python 的安装目录，鼠标右键单击"计算机"图标，并选择"属性"选项，如图 10-48 所示。

（4）单击"高级系统设置"，弹出"系统属性"对话框，如图 10-49 所示。

（5）单击"环境变量"后将出现图 10-50 所示的界面。

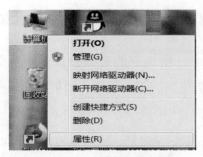

■ 图 10-48　右键计算机属性

■ 图 10-49　系统属性

■ 图 10-50　环境变量

（6）单击图 10-50 中高亮的 PATH 变量后，再单击"编辑"按钮，将出现"编辑用户变量"对话框，如图 10-51 所示。将"编辑用户变量"对话框中的变量值复制出来。

（7）将复制出来的目录"C:\Users\Administrator\AppData\Local\Programs\Python\Python37\"直接粘贴到计算机的地址栏里，之后按"Enter"键打开该目录，并将准备好的 geckodriver.exe 文件放到这个目录下就可以了，如图 10-52 所示。

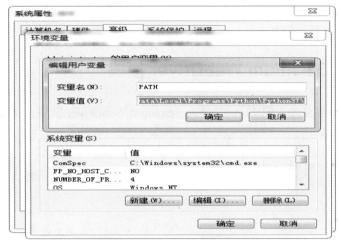

■ 图 10-51　Python 环境变量

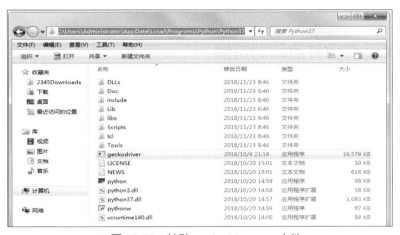

■ 图 10-52　粘贴 geckodriver.exe 文件

至此，Firefox 浏览器的驱动程序 geckodriver.exe 已配置完成。

本节说明如下。

其实配置 geckodriver.exe 驱动程序的方法很简单，将其下载后直接放在 Python 的安装目录里即可。而 Python 的安装目录在 PATH 的环境变量中可以直接找到。

10.5　Selenium WebDriver 之初步应用

当 Selenium WebDriver 模块被安装到 Python 的目录中后，就可以使用 from…import 语句导入 Selenium WebDriver 模块，并通过新建对象调用 Selenium WebDriver 模块中被封

装的方法。

10.5.1　导入 Selenium WebDriver 模块

新建一个 test.py 文件（模块），并导入 Selenium WebDriver 模块，具体示例代码如下。

```
01  from selenium import webdriver
```

【代码分析】

● 第 01 行代码，通过 from…import 语句导入 Selenium WebDriver 模块，当 Selenium Webdriver 模块导入进来后，接下来就只需关心实例的新建。

10.5.2　新建对象并启动浏览器

具体示例代码如下。

```
01  from selenium import webdriver
02  driver = webdriver.Firefox()
```

【代码分析】

● 第 02 行代码，新建一个 Firefox 浏览器实例 driver，并启动浏览器，当实例建立后，只需关心调用实例的方法即可，此行代码请注意大小写。另外，Selenium WebDriver 启动浏览器的过程可能会有一些慢，请耐心等待一会儿。

【运行结果】

第 02 行代码运行的结果：系统自动启动 Firefox 浏览器。

10.5.3　调用 maximize_window() 方法让窗口最大化

具体示例代码如下。

```
01  from selenium import webdriver
```

```
02  driver = webdriver.Firefox()
03  driver.maximize_window()
```

【代码分析】

● 第 03 行代码，通过 driver 实例调用 maximize_window() 方法将浏览器的窗口最大化。

【运行结果】

第 03 行代码运行的结果：系统自动将 Firefox 浏览器的窗口最大化。

10.5.4 调用 get() 方法打开一个网页

调用 get() 方法，打开测试网页 http://account.ryjiaoyu.com/log-in（人民邮电出版社人邮教育的登录页面），具体示例代码如下。

```
01  from selenium import webdriver
02  driver = webdriver.Firefox()
03  driver.maximize_window()
04  driver.get("http://account.ryjiaoyu.com/log-in")
```

【代码分析】

● 第 04 行代码，通过 driver 实例调用 get () 方法来获取网址并打开人民邮电出版社人邮教育的登录页面。

【运行结果】

第 04 行代码运行的结果：系统自动打开人民邮电出版社人邮教育的登录页面。

10.5.5 通过 clear() 方法来清理文本

具体示例代码如下。

```
01  from selenium import webdriver
02  driver = webdriver.Firefox()
```

```
03  driver.maximize_window()
04  driver.get("http://account.ryjiaoyu.com/log-in")
05  driver.find_element_by_xpath("//input[@id='Email']"). clear()
```

【代码分析】

● 第 05 行代码，find_element_by_ 是 Selenium Webdriver 提供的用于定位元素的方法。 find_element_by_xpath 表明定位元素的方式是通过 Xpath 方式进行元素定位，具体要定位到页面上某个元素时，就需要在括号 () 里面填写该元素的 Xpath 路径表达式，如本例中的 "//input[@id='Email']"。前文已讲过如何定位元素，在这里就不做过多描述了，完整的定位表达式就是"driver.find_element_by_xpath("//input[@id='Email']")"，一旦定位到了该元素，就可以使用 Selenium Webdriver 提供 clear() 的方法来清理输入框中的文本内容。之所以使用 clear() 方法清理"Email/ 手机"输入框中的文本，主要是避免浏览器如果记住了之前的用户名，再输入用户名会干扰运行结果。

【运行结果】

第 05 行代码运行的结果：系统自动清理人民邮电出版社人邮教育登录主页中的"Email/ 手机"输入框中的文本。

10.5.6　调用 send_keys() 方法来输入文本内容

具体示例代码如下。

```
01  from selenium import webdriver
02  driver = webdriver.Firefox()
03  driver.maximize_window()
04  driver.get("http://account.ryjiaoyu.com/log-in")
05  driver.find_element_by_xpath("//input[@id='Email']"). clear()
06  driver.find_element_by_xpath("//input[@id='Email']").send_
keys("mmgss@qq.com")
```

【代码分析】

● 第 06 行代码，通过代码 driver.find_element_by_xpath("//input[@id='Email']") 的方式定位到"Email/ 手机"输入框（也就是用户名的输入框），接着使用 Selenium Webdriver 提供 send_keys() 的方法来向此输入框中输入登录的用户名 mmgss@qq.com（用于测试的这个邮箱应该是一个已注册的正确的用户名）。

【运行结果】

第 06 行代码运行的结果：系统自动向人民邮电出版社人邮教育登录主页中的"Email/ 手机"输入框中输入登录的用户名"mmgss@qq.com"。

10.5.7　通过 click() 方法进行单击操作

具体示例代码如下。

```
01  from selenium import webdriver
02  driver = webdriver.Firefox()
03  driver.maximize_window()
04  driver.get("http://account.ryjiaoyu.com/log-in")
05  driver.find_element_by_xpath("//input[@id='Email']"). clear()
06  driver.find_element_by_xpath("//input[@id='Email']").send_keys("mmgss@qq.com")
07  driver.find_element_by_xpath("//input[@id='Password']"). clear()
08  driver.find_element_by_xpath("//input[@id='Password']"). send_keys("testpress")
09  driver.find_element_by_xpath("//input[@value='登 录']"). click()
```

【代码分析】

● 第 07 行代码，通过 clear() 方法清理密码输入框的文本信息。

● 第 08 行代码，通过 send_keys() 方法向密码输入框输入具体的密码 estpress。

● 第 09 行代码，通过代码 driver.find_element_by_xpath("//input[@value='登 录']") 定位到登录按钮，随后使用 Selenium Webdriver 提供的 click() 方法进行单击操作从而完成登录操作。

【注意事项】

- 第 09 行代码中的 xpath 表达式"//input[@value=' 登 录 ']"中的"登录"字符串中含有空格，如不加以注意，则无法进行登录按钮的单击操作，这个表达式可以由 ChroPath 工具自动生成。

【运行结果】

第 07 行代码运行的结果：系统自动清理人民邮电出版社人邮教育登录主页中的密码输入框。

第 08 行代码运行的结果：系统自动向密码输入框输入密码 estpress。

第 09 行代码运行的结果：系统自动单击登录按钮并完成登录操作。

10.5.8　导入 time 模块

具体示例代码如下。

```
01  from selenium import webdriver
02  import time
03  driver = webdriver.Firefox()
04  driver.maximize_window()
05  driver.get("http://account.ryjiaoyu.com/log-in")
06  time.sleep(3)
07  driver.find_element_by_xpath("//input[@id='Email']"). clear()
08  driver.find_element_by_xpath("//input[@id='Email']").send_
keys("mmgss@qq.com")
09  driver.find_element_by_xpath("//input[@id='Password']"). clear()
10  driver.find_element_by_xpath("//input[@id='Password']"). send_
keys("testpress")
11  driver.find_element_by_xpath("//input[@value=' 登 录 ']"). click()
```

【代码分析】

- 第 02 行代码，通过 import 关键字导入 time 模块。

- 第 06 行代码，调用 time 模块中的 sleep() 函数，让程序等待 3 秒，以便让登录页面的元素完成加载。

【运行结果】

本示例代码中由于在第 06 行代码中加入了 time.sleep(3) 方法，所以在人民邮电出版社人邮教育登录主页打开之后，程序将会等待 3 秒，以便让登录页面的元素完全加载。其他运行结果不变。

10.5.9　通过 quit() 方法关闭浏览器

具体示例代码如下。

```
01  from selenium import webdriver
02  import time
03  driver = webdriver.Firefox()
04  driver.maximize_window()
05  driver.get("http://account.ryjiaoyu.com/log-in")
06  time.sleep(3)
07  driver.find_element_by_xpath("//input[@id='Email']"). clear()
08  driver.find_element_by_xpath("//input[@id='Email']").send_
keys("mmgss@qq.com")
09  driver.find_element_by_xpath("//input[@id='Password']"). clear()
10  driver.find_element_by_xpath("//input[@id='Password']"). send_
keys("testpress")
11  driver.find_element_by_xpath("//input[@value='登 录']"). click()
12  driver.quit()
```

【代码分析】
- 第 12 行代码，通过 quit() 方法关闭浏览器。

【运行结果】
第 12 行代码运行的结果：关闭浏览器。

10.5.10 通过 for 循环连续登录 10 次

具体示例代码如下。

```
01  for i in range(1,11):
02      from selenium import webdriver
03      import time
04      driver = webdriver.Firefox()
05      driver.maximize_window()
06      driver.get("http://account.ryjiaoyu.com/log-in")
07      time.sleep(3)
08      driver.find_element_by_xpath("//input[@id='Email']"). clear()
09      driver.find_element_by_xpath("//input[@id='Email']").send_
keys("mmgss@qq.com")
10      driver.find_element_by_xpath("//input[@id='Password']").
clear()
11      driver.find_element_by_xpath("//input[@id='Password']").send_
keys("testpress")
12      driver.find_element_by_xpath("//input[@value='登 录']").click()
13      driver.quit()
```

【代码分析】

- 第 01 行代码,range() 函数是 Python 中的一个函数,range(1,11) 的意思是生成 1,2,3,4,5,6,7,8,9,10 的一个列表,但不包括 11,这一点要注意。for i in range(1,11) 的意思是说通过 range(1,11) 函数给 i 赋值,i 依次取这 10 个值,每取一次执行一下 for 循环体内的语句,i 一共取了 10 次值,所以 for 循环体的语句也被执行了 10 次。

【注意事项】

- 由于使用了 for 循环,所以 for 循环代码必须缩进,按一下 "Tab" 键就好,for 语句本身不需要缩进。

【运行结果】

本示例代码中由于在第 01 行代码中加入了 for 循环,系统将连续登录 10 次,并最终关闭浏览器。

本节说明如下。

当完成最后一个循环操作时，可以说已经成功地迈进了 Selenium WebDriver 自动化工具的大门了，本节介绍了如何应用 Selenium WebDriver 模块中的方法，并以此作为初学者的起点，这些方法虽然只是 Selenium WebDriver 模块中的一些基础方法，但只要掌握了它的思想，调用其他方法也就不难了。有关 Selenium WebDriver 模块内部封装的更多操作网页元素的方法，大家可在工作之后通过相关图书、网络资料、公司培训再行深入了解。

10.6　本章小结

10.6.1　学习提醒

（1）Web 自动化测试的工具有很多，例如以前比较流行的 QTP（升级版叫 UFT），它一直被拿来与 Selenium WebDriver 作对比。首先，QTP 是商业工具，需要付费购买，而 Selenium WebDriver 是开源的，无须购买；其次，QTP 弱化了测试人员脚本设计能力，而 Selenium WebDriver 强化了测试人员脚本设计能力。深入比较二者后，越来越多的企业把目光转向了 Selenium WebDriver。

（2）利用 Selenium WebDriver 进行 Web 自动化测试时，它所包含的知识点不仅仅有本章所提到的内容。本章中的知识点只是想激发大家对 Selenium WebDriver 自动化工具学习的兴趣，当有了这些初步的基础后再去深入学习 Selenium WebDriver 自动化工具时便会有更多的信心，并从中了解自动化测试工具在整个软件测试中所能起到的作用。

（3）在学习 Selenium WebDriver 工具初期，难免会遇到各种问题，这时千万不要放弃，希望大家多一些耐心，多动手操作和尝试，多查看网上资料，坚持一段时间后，一定能克服和解决这些问题。

（4）在自动化测试的过程中，测试人员需要掌握一门脚本开发语言，Python 对于初学者来说是非常好的选择。本章提到了 Python 面向对象的一些重要概念和方法调用的基础，希望大家能接着学下去，这对将来深入了解 Selenium WebDriver 自动化工具的测试框架有很大的帮助。

10.6.2　求职指导

一 | 本章面试常见问题

初级软件测试人员一般应聘的都是手工测试（功能测试）的职位，对于自动化测试，面试官一般会问一个问题，那就是你做过自动化测试吗？

参考回答：（这个问题需要回答做过还是没做过，实话实说即可）在实际的工作中暂时还没有运用到自动化测试技术，但我本人对自动化测试比较感兴趣，目前一直在学习 Selenium WebDriver，对元素定位、Selenium WebDriver 方法的调用还是比较熟悉的。对于脚本，我对 Python 面向对象的思想有一些了解，能写一些基础脚本，例如我可以通过 Selenium WebDriver 工具完成对一个网页元素的循环操作。我相信很快就能将这些自动化技术运用到实际的工作中。

注意：当你回答完以上问题，面试官可能会对你的回答进一步追问细节，这时就可以将已掌握的知识点全部告诉面试官。

二 | 面试技巧

初级测试工程师在面试功能测试工程师的职位时，这个问题也经常会被问到。别看问题只有一个，但在面试官心中却举足轻重，因为它代表了你从手工（功能）测试到自动化测试的一个转变，同时也意味着你有一定的编程基础，希望大家认真对待这一个问题。虽然初学者对自动化的运用能力还达不到相关要求，但不管面试官如何问你自动化测试的知识点，只要有机会就应该把你所了解到的自动化知识点全部告诉面试官，一方面可以听听面试官对你的建议，另一方面也可以告诉面试官你正在积极学习相关知识来提升自己的能力。

第11章 初识 HTTP 接口测试

大多数初学者入职之后，会形成以手工测试（功能测试）为主、自动化测试为辅的格局，但初学者在面试的过程中难免会被问到一些与接口测试相关的问题。因为众多的用人单位在招聘测试人员时，都希望求职者对接口测试有所了解。而这些接口测试相关的问题，可能会让初学者在面试的过程中感到陌生。考虑到初学者缺乏接口测试的工作经验，所以在本章的开头并没有直接用抽象的定义来解释什么叫"接口"及接口测试的意义，即便在本章的开头给出相关的专业解释，初学者也不一定能正确理解它。所以本章的第一节以举例子的方式来引入接口的概念，让大家对接口有了初步的认识后，再进一步引入HTTP 接口测试的相关流程，最终实现对接口测试的了解。

本章避免用专业的技术性论调去解释相关概念，尽量做到通俗易懂，深入浅出，适用零基础读者阅读。本章例子中的操作均在 Windows 7 操作系统中的 Firefox 浏览器（版本为 60.0.1，64 位）上测试通过，大家也可使用最新版本的 Firefox 浏览器。

提示：在测试领域，HTTP 接口一般代表的是 HTTP 接口或 HTTPS 接口，HTTP 请求一般代表的是 HTTP 请求或 HTTPS 请求。具体情况需根据其遵循的协议而定。

11.1 理解接口的含义

首先来了解一下什么叫接口（Application Programming Interface, API）。

例 1： 大家可能用过某旅游网来查询机票的信息，但其实机票的信息并不是旅游网提供的，而是由各大航空公司提供的，那么这些旅游网为什么能查到机票的信息呢？原因很简单，各大航空公司为旅游网提供了一个查询机票信息的接口，旅游网如果想要查询机票信息就得首先找到这个接口，然后把想要查询的机票信息的请求通过这个接口传递给航空公司，再由航空公司把请求的资源反馈给旅游网，如图 11-1 所示。

例 2： 大家经常使用各大电商网站购物，那这些电商网站所展示的订单的物流信息一般情况下也不是由电商网站内部提供的，而是由各个物流公司提供的。具体如何提供呢？道理同例 1，物流公司开放一个接口，然后电商网站把要请求的订单的物流信息通过这个接口传递给物流公司，然后再由物流公司把请求的资源返回给电商网站，如图 11-2 所示。

■ 图 11-1　接口示例 1　　　　　　　　■ 图 11-2　接口示例 2

在这里，可以把提供资源的一方称为服务端，把请求资源的一方称为客户端，而"接口"可以理解为服务端或服务端内的某个模块提供的一个可供"他人"调用其内部资源的"入口"。

11.2　HTTP 接口的表现形式

要想操作服务端的资源，首先要找到服务端提供的这个接口，然后沿着接口才能向服务端发送资源请求，那何为服务端的接口呢？其实大家天天都在跟接口打交道，因为大家每天都可能会通过一个网址来打开一个网页，而接口其实就是一个网址（URL）。为什么说接口就是一个网址（URL）呢？举例说明如下。

以下这个网址（URL）就是豆瓣网音乐搜索模块对外提供的一个接口（为了方便讲解，此处给出接口具体地址，写此书时，该接口能正常使用，但不能保证其永久性）。

https://api.douban.com/v2/music/search

那为什么说这个 URL 代表的就是豆瓣网音乐搜索模块的接口呢？进行一下简单分析，如图 11-3 所示。

■ 图 11-3　接口地址

从以上的分析可以看到，该 URL 包括 3 个部分，分别是采用的协议、服务器地址、请求资源路径，接下来简要地分析一下它们。

（1）采用的协议（https:）：一般来讲网址中第一个":"前面的就是该网址所采用的协议，这里的 HTTPS 就是一个协议（HTTPS 作为协议时，应保持大写，但输入浏览器地址栏时，系统默认为小写），简单地说，HTTPS 是 HTTP 的安全版本，HTTPS 在 HTTP 的基础上对传输的数据进行了加密和签名，以保证数据传输的安全性。我们平常打开网页的时候会看到网址前面都有一个 HTTP 或 HTTPS，这就是告诉你，你在向服务器发送此请求的过程中要遵循的协议是 HTTP 或 HTTPS（也就是规则）。

（2）服务器地址（//api.douban.com）：以双斜杠"//"开头，后面跟的就是这个服务器的地址，专业术语叫域名。

（3）请求资源路径（/v2/music /search）：表示你要请求的资源在该服务器下 /v2/music /search 的路径下。

那么该 URL 整体就是说：我们请求的服务器叫 api.douban.com，请求的资源放在该服务器的 /v2/music/search 路径下，如果豆瓣网的其他模块或是豆瓣网以外的系统要操作该音乐搜索模块里面的资源，那首先就得要找到豆瓣网音乐搜索模块的入口，这个入口就是"https://api.douban.com/v2/music/search"，然后通过这个入口才能操作音乐搜索模块里面的资源。

所以把此 URL（https://api.douban.com/v2/music/search）称为豆瓣网音乐搜索模块的一个接口，也称为接口地址。

11.3　为 HTTP 接口添加参数

虽然找到了服务端的接口地址，但具体要请求服务端的什么内容呢？还必须在这个接口上附加请求的参数以明确要请求的内容，比如请求的内容是查询歌曲《漫步人生路》，那么其附加参数的 URL 结构如图 11-4 所示。

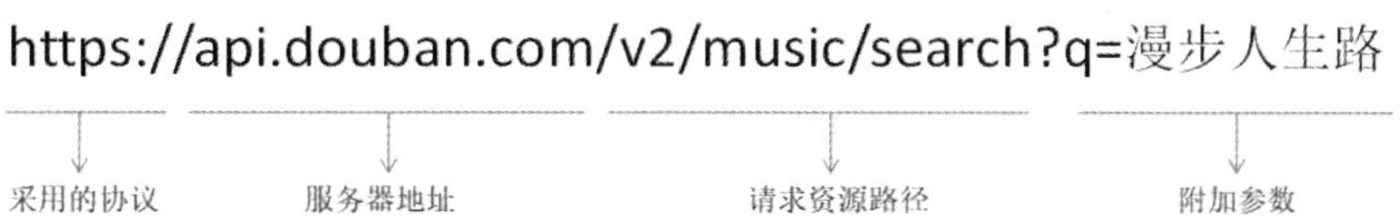

https://api.douban.com/v2/music/search?q=漫步人生路

采用的协议　　　服务器地址　　　　　请求资源路径　　　　　附加参数

■ 图 11-4　附加参数

（1）附加参数的过程很简单，只需要在接口地址后面加一个"?"，而"?"后面就是要附加的参数。所以这里的"?"只是起一个分隔符的作用。

（2）这里附加的参数为 q，参数值为"漫步人生路"。它的含义是去服务端的 /v2/music/seach 路径下查找歌曲名为"漫步人生路"的所有歌曲信息。

这便是附加参数的意义，它可以使请求的信息更加具体。另外，在接口地址后面，还可以附加多个参数，如图 11-5 所示。

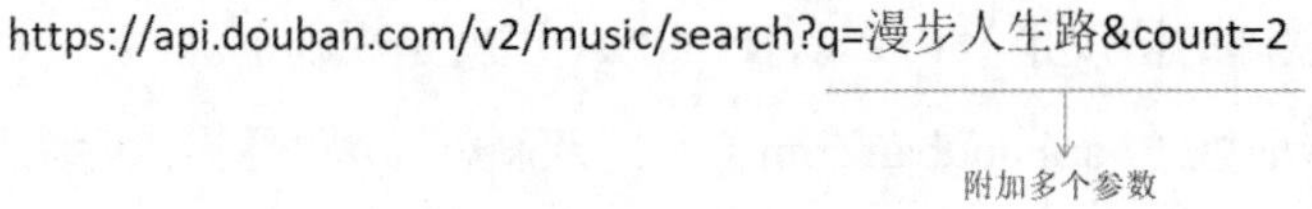

https://api.douban.com/v2/music/search?q=漫步人生路&count=2

附加多个参数

■ 图 11-5　附加多个参数

（1）附加多个参数时用"&"符号将多个参数连接起来。因而，该 URL 附加的所有参数为"q= 漫步人生路 &count=2"，含义是去服务端的 /v2/music/search 路径下查找歌曲名为"漫步人生路"的歌曲，并且只显示查询到的前 2 组歌曲的信息。

（2）对于这种参数等于参数值（q= 漫步人生路 &count=2）的表现形式，它有一个对应的术语叫"键值对应"，英文表示为 key-value，即一个键（key）对应一个值（value）。这里第一组的键是 q，键的值是"漫步人生路"；另一组的键是 count，它的值是 2。这里的键和值是用等号连接的，对于键值对应的表现形式大家需要了解。

11.4　HTTP 接口测试的实质

为接口添加参数之后，就需要把该 HTTP 请求（https://api.douban.com/v2/music/search?q= 漫步人生路 &count=2）发送给服务端，也就是去服务端查询歌曲名为"漫步人生路"的相关歌曲信息，发送完成后再来查看服务端返回的信息是否为"漫步人生路"的相关歌曲信息，如果返回了正确的歌曲信息，则表明该系统模块能正常工作，如返回了错误的信息则表明该模块工作不正常。那如何发送该条 HTTP 请求到服务端呢？步骤如下。

（1）打开火狐浏览器。

（2）在火狐浏览器的地址栏输入该网址（https://api.douban.com/v2/music/search?q= 漫步人生路 &count=2）并按"Enter"键。

（3）打开该网址之后如图 11-6 所示。

图 11-6　请求响应

从图 11-6 可以看到，通过 Firefox 浏览器发送了该条 HTTP 请求之后，服务端返回的是密密麻麻的文本字符串，这是为什么呢？为了让大家更清楚地了解这一现象，在这里通过一个例子来说明。

假如一辆汽车内部的重要元器件已组装完毕，但汽车的外壳以及与司机直接交互的那些按键还没有装配起来，那么对于汽车的测试人员来说，是不是一定要等到汽车的外壳以及与司机直接交互的那些按键全部装配起来之后，才能对汽车进行系统测试呢？当然不是，即便是汽车的外壳和与司机直接交互的那些按键还没有装配起来，汽车的测试人员一样可以对汽车的模块进行测试。

一般的汽车里都装有行车电脑这个模块，行车电脑的数据最终是通过汽车的仪表盘和相关面板直接展示给司机的，司机在开车的过程中可以通过仪表盘和面板提供的数据来了解汽车的行驶情况，假如此时汽车的仪表盘、面板之类的配件还没有装配起来，但行车电脑的模块已在汽车里装配好了，那如果要测试行车电脑这个模块的功能是否正常，不一定要等到装配好了仪表盘和面板之后才可以去测试，可以利用行车电脑模块对外提供的一个数据线，将此数据线连在一台电脑上，然后通过相应的软件向这个行车电脑模块发送一些参数，再看行车电脑模块返回来的状态码和数据是否正常。但此时行车电脑模块返回的状态码和数据并不会像装有仪表盘时返回的数据那样具体和直观，因为这些接口还没有封装到仪表盘和面板上来，所以返回的数据和状态码都比较原始。具体返回的状态码和数据代表什么意思，一般行车电脑的规格说明书里面都会有明确的说明，汽车的测试人员对照规格说明书去测试就可以。那么这里的行车电脑模块对外提供的这个数据线就是一个接口，通过这个接口向行车电脑传递些参数进去，然后看它的返回的数据和状态码是否正常，这个过程就可以称为"汽车的接口测试"。

通过以上的解释，相信再来理解软件的接口测试就不会很难了，软件的测试人员原本是跟网页元素直接进行交互测试的。也就是说正常情况下，测试人员是要等到整个软件全部开发完成才介入进来的。但如果此时与测试人员直接交互的网页还没有开发出来，而后台的相关模块已陆续组装好了，那么测试人员是不是要等到前端的页面元素都集成到整个系统中后才能测试软件的功能呢？当然不是，即便是前端的网页还没有集成进来，一样可以通过系统中各模块所提供的接口去测试，而这个接口就是我们所说的 URL（网址），然后通过此接口向服务端传递一些参数请求，最后查看服务端返回的数据和状态码是否正确。由于是通过接口来测试系统或系统中的模块是否能正常工作，所以此测试过程称为 HTTP 接口测试。同样的道理，接口测试期间返回的状态码和数据也不会太具体和直观，因为系统各模块的接口还没有封装到与用户直接交互的页面上来。测试人员是直接通过接口来测试系统的，而不是通过用户的交互页面来测试的，这就是为什么向服务端发送"https://api.douban.com/v2/music/search?q= 漫步人生路 &count=2"请求时，返回的并非是正常的网页元素而是原始的文本字符串。

再通俗一点说，HTTP 接口测试的实质就是数据的传输和接收，传输的是接口地址中的参数，接收的是文本字符串，然后对比文本字符串是否正确。

11.5 HTTP 接口测试的意义

从 11.4 节了解到，当发送"https://api.douban.com/v2/music/search?q= 漫步人生路 &count=2"请求到服务端时，服务端返回的是原始的文本字符串，如图 11-7 所示。

通过以上返回的原始字符串可以看到，这些文本字符串其实是具有一定格式的，在这里抽取前面一小部分的字符串来介绍，例如：{ "count":17, "start":0, "total":17 }。

这种格式的字符串也是以键值对应（key-value）的表示方式来表达的。其中第一组的键是 count，键的值是 17；另外两组的键分别为 start 和 total，它们的值分别是 0 和 17。这里的键和值之间用"："连接（前面介绍的用等号连接的方式也是键值对应的表现形式之一）。不同的键值对用"，"分隔，键本身需要用双引号括起来，键的值如果是数字的话可以不用双引号，如果是字符（比如中文和英文等字符）则需要用双引号括起来。其实它们表示的含义可以理解为 count=17，start=0，total=17。这里把这种键值对应并外加花括号格式的字符串称为 JSON 格式字符串。在进行 HTTP 接口测试时，服务端返回的一般都是 JSON 格式字符串。这里可以把 JSON 理解为具有键值对应的纯文本字符串。

图 11-7　请求响应

从图 11-7 中可以看到原始的 JSON 格式的字符串密密麻麻地串在一起，不是很美观，此时可以将原始的 JSON 字符串格式化一下。可以利用 Firefox 浏览器自带的 JSON 格式化的工具进行格式化，在 Firefox 浏览器中只要单击"原始数据"左边的 JSON 按钮，就可以将原始的 JSON 字符串进行格式化。由于内容很多，从中选取一个片段，如图 11-8 所示。

图 11-8　JSON 格式化

经过格式化后的 JSON 字符串是不是美观了很多呢！

以上查询结果是直接通过接口进行查询的，而不是通过用户的交互界面进行查询的，接下来通过豆瓣网官网，也就是已集成好的用户交互界面去查询歌曲名为"漫步人生路"的歌曲，如图 11-9 所示。

图 11-9 搜索"漫步人生路"的歌曲

查询之后来看看返回的结果，如图 11-10 所示。

对比通过接口进行查询和通过用户交互界面进行查询的两种方式可以发现，它们查询出来的内容几乎是一样的。只是通过用户交互界面查询出来的数据更漂亮一些，因为这些数据是要给用户看的，所以使用 UI 技术进行了美化和渲染。

虽然说通过接口进行查询返回的 JSON 格式的字符串没有集成界面返回的网页元素那么直观和漂亮，但是 JSON 格式的字符串通过键值对应的方式也很直接地描述出返回来的内容。在图 11-8 中抽取了几个键值对应的数据，

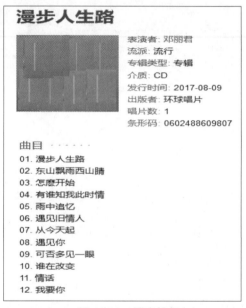

图 11-10 搜索结果

如 publisher："环球唱片"、title："漫步人生路"，这里面的 publisher、title 的中文意思分别是出版商、标题。那么通过这些键值对应的信息，就能很清楚地了解到这首歌曲的相关信息，这也就是为什么接口测试返回的数据一般都用 JSON 格式的字符串，因为它较清楚直接地描述了要返回的内容。

关于 JSON 格式的字符串，几乎所有的开发语言都认识它，更多 JSON 字符串的语法在这里不做详细讨论，请大家自行参考网上资源和相关图书。

接口测试的意义不仅在于它返回的是 JSON 格式的字符串，之所以通过上面两种查询的方式进行对比是想告诉大家以下几点。

（1）接口测试可以在用户界面还没有被开发出来之前就对系统或系统中的模块进行

测试，不用等到系统提供了可测试的功能界面之后再进行测试。

（2）用户的交互界面封装了系统中各模块的接口。有用户界面时，通过用户界面传递数据到系统中的接口去；没有用户界面时，可以直接通过接口传递数据。也就是说，系统中各模块的接口是实现用户界面功能的基础。越早进行测试，就能越早发现 Bug，与此同时开发人员修复 Bug 的成本就越低，这便是接口测试的意义所在。

（3）前端的页面和后台模块是两组人开发的，后台开发完后，再将前端的页面套在后台的接口上。也就是说，只要后台模块测试好了，前端页面不管怎么改变都可以适用。同时还要注意，数据通过前端页面输入时，前端页面通常只做一些基础校验，核心业务还要靠后台来处理。因为接口测试是跳过前端页面这一层框架提前对后台模块进行测试的，所以它的意义更重大。

有关接口测试更深层次的意义，待大家有了一定的工作经验后再自行感悟和学习。

11.6 HTTP 接口测试的依据

在前面的小节中，用豆瓣网提供的一个开放接口演示了接口测试的实质和意义。那么在接口测试中，如何找到系统中各模块的接口地址呢？接口需要传递哪些参数呢？这些参数都代表了什么意思呢？如何去判断服务端返回的 JSON 字符串是否符合预期的要求呢？这个大家不用担心，接口测试同大家做系统测试一样，都是有需求文档的，接口测试的需求文档叫接口文档。接口测试人员做接口测试时，首要的任务就是拿到开发人员提供的接口文档，没有接口文档就等于没有测试的标准，也就无法开展测试工作。下面展示一个接口文档中的一部分内容，见表 11-1。

此接口文档的内容很简单，并没有附加一些复杂的条件，目的是让大家能把基础的东西先了解清楚，比如通过这份接口文档，可以了解到接口的地址、接口地址中要传递的参数、请求示例、服务端返回信息的格式、返回的示例、服务端会返回哪些具体的参数、这些参数都有什么对应关系等信息，这是初学者应该能看懂的，但该接口文档里面有 3 个点是初学者可能没有见过的，具体如下。

（1）该接口文档提到的 HTTP 的两种请求方式——GET 方式和 POST 方式，初学者可能不了解。

（2）该文档中提到的参数的数据类型，这里有两种常用的类型，一个是 String（字

表 11-1　接口文档的部分内容

1.1　查看员工信息
查看员工的详细信息

1.1.1　接口地址
http://api.****.com/employee/abc

1.1.2　发送请求的方式和参数
HTTP 的请求方式：GET（另一种常用请求方式为 POST 请求方式）

请求参数 employee_id

参数名称	是否是必填参数	参数值的类型	参数意义
employee_id	是	Number（数字型）	员工的 id 号，只接受小于 100 的整数

请求示例

GET　http://api.****.com/employee/abc?employee_id=8

1.1.3　服务端响应
数据格式 JSON

响应示例

```
{   "status_code": 0,
    "msg": "OK",
    "employee_id": 8,
    "employee_name": " 张三 ",
    "employee_job ": " 测试工程师 "
}
```

1.1.4　服务端响应参数说明

参数名称	是否为空	参数值的类型	参数意义
status_code	不能为空	Number（数字型）	服务端返回的业务状态码（0 代表业务返回成功，–1 代表业务返回失败）
msg	不能为空	String（字符串类型）	提示信息
employee_id	不能为空	Number（数字型）	员工的 id
employee_name	不能为空	String（字符串类型）	员工的姓名
employee_job	不能为空	String（字符串类型）	员工的职位

1.1.5　服务端响应返回值说明

status_code（业务状态码）	服务端返回值说明
返回为 0 时	Msg 参数对应的返回值为"ok" employee_id 对应的返回值为员工的 id 号 employee_name 对应的返回值为员工的姓名 employee_job 对应的返回值为员工的职位
返回为 –1 时	Msg 参数对应的返回值为"员工的 id 号非法" employee_id 返回 0 employee_name 返回为 0 employee_job 返回为 0

符串类型），另一个是 Number（数字型），其代表了参数可以输入的字符类型，这个并不是很难，请大家自行了解。

（3）该文档中提到的业务状态码，这里提到了 0 和 -1 的返回码，初学者可能不太了解。这个状态是开发人员自行制定的，为了判定业务信息返回的正确性。本例中如果业务状态码返回 0，则可以代表业务信息返回成功，如返回 -1 则代表业务信息返回失败。

有了此接口文档，就可以根据接口文档去设计接口的测试用例，那么接口测试的用例是什么样的呢？在这里结合表 11-1 中的接口文档来设计几个示范用例，具体见表 11-2。

表 11-2　接口测试用例示范

请求方式	接口地址	参数	输入数据	预期输出的结果
GET	http://api.****.com/employee/abc	employee_id	输入的员工 id 为 8	{　"status_code": 0, "msg": "OK", "employee_id": 8, "employee_name": " 张三 ", "employee_job": " 测试工程师 " }
GET	http://api.****.com/employee/abc	employee_id	输入的员工 id 为空	{　"status_code": -1, "msg": " 员工的 id 号非法 ", "employee_id": 0, "employee_name": "0", "employee_job ": "0" }
GET	http://api.****.com/employee/abc	employee_id	输入的员工 id 为中文如"五笔"	{　"status_code": -1, "msg": " 员工的 id 号非法 ", "employee_id": 0, "employee_name": "0", "employee_job ": "0" }
GET	http://api.****.com/employee/abc	employee_id	输入的员工 id 为大于 100 的整数如"101"	{　"status_code": -1, "msg": " 员工的 id 号非法 ", "employee_id": 0, "employee_name": "0", "employee_job ": "0" }

从以上设计的测试用例可以看出，接口测试的测试用例和系统测试的测试用例并无太大区别，都有输入、输出。有了测试用例之后，接下来就可以按照测试用例进行接口测试了。

由于请求的方式是 GET 方式，所以可以直接通过浏览器发送这些请求，例如执行最后一条用例，输入大于 100 的整数 101，参数与接口地址之间用"？"分隔，如图 11-11 所示。

■ 图 11-11　发送 GET 请求

发送完请求后再查看服务端响应的 JSON 格式的字符串是否符合本条用例的预期结果，如符合则本条测试用例通过，如不符合则提交 Bug 单给开发人员。提交 Bug 单过程跟系统测试中提交 Bug 单都是一样的，描述 Bug 重现步骤并附上截图，指派给相应的开发人员进行修复。

在这里总结一下接口文档的要素，一个接口文档至少要包括以下内容。

（1）URL（接口地址）。

（2）请求方式 POST、GET。

（3）入参（请求参数）。

（4）返回参数。

（5）请求、返回示例。

（6）返回的状态码和参数说明。

而接口测试的大体流程如下。

（1）拿到接口文档。

（2）设计测试用例。

（3）执行用例（测试的步骤：请求接口，然后取到返回值，最后判断实际结果与预期结果是否相同）。

（4）提交 Bug 单。

到这里，相信大家对 HTTP 接口测试的概念和流程应有一个大体了解了，这样大家在面试中如果被问到接口测试的相关话题，也不至于不知所措了。

11.7　了解 GET/POST 方式的 HTTP 请求

11.6 节的接口文档中提到 GET 和 POST 的请求方式，本节将通过一款工具来介绍 GET 与 POST 的请求方式以及由服务端返回的 HTTP 协议状态码（前面提到过业务状态码，这里是协议状态码，后文将会描述它们的区别）。

接口测试的工具除了浏览器之外，还有一款专门用于接口测试的工具——Postman。可以在百度直接搜索"postman"，通过单击搜索结果中的下载地址下载此工具，如图 11-12 所示。

图 11-12　Postman 下载

由于此工具的安装与安装其他软件是一样的，在这里就不做相关介绍了。安装完成后，其主界面如图 11-13 所示。

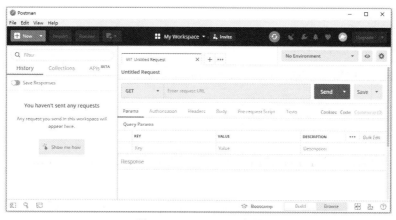

图 11-13　Postman 主界面

很多初学者一看到此工具全部是英文可能会担心学不会，其实此工具的用法很简单，作为初学者，抓住几个关键点就可以了。对于可能出现的大段英文提示，可以用"有道翻译"工具。等用的时间长了，自然而然就能摸到它的规律了。

通过 Postman 发送 HTTP 请求时其实有两种常见的请求方式，一种是 GET 方式，另一种是 POST 方式，下面通过实际例子进行介绍。

11.7.1 通过 GET 方式发送 HTTP 请求

以豆瓣网音乐搜索模块提供的这个接口为例，即"https://api.douban.com/v2/music/search?q= 漫步人生路 &count=2"。接下来通过 Postman 来发送此 HTTPS 请求，并采用 GET 方式进行发送，如图 11-14 所示。

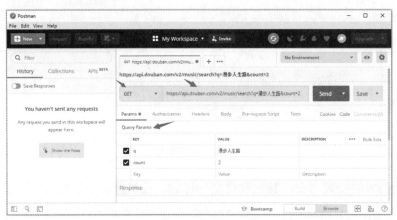

■ 图 11-14　发送 GET 请求

操作步骤如下。

（1）在左侧下拉框选择 GET 的请求方式。

（2）在地址栏输入 URL 请求（https://api.douban.com/v2/music/search?q= 漫步人生路 &count=2）。

（3）Query Params 中的参数是系统自动填充的。

（4）当单击"Send"按钮时，就可以将请求发送给服务器。

单击完"Send"按钮后，Postman 就会把服务端返回的内容呈现在下方区域，如图 11-15 所示。

关于服务端返回的内容需要注意以下几点。

（1）"Status 200 ok"中的 200 称为 HTTP 协议状态码，200 代表 HTTP 请求成功了，至于请求到的业务内容是不是正确的，还需要看业务状态码。业务状态码一般显示在服务端响应给客户端的 JSON 格式字符串中，由该项目的开发人员制定。HTTP 协议状态码对于帮助快速了解系统的返回状态很有帮助，在后面的章节里会具体介绍不同协议状态码所代表的意义。

■ 图 11-15 服务端响应 GET 请求

（2）在 Postman 下方返回的区域中，依次单击"Body"按钮、"Pretty"按钮，然后通过下拉框选择"JSON"选项，就可以查看到服务器端响应的格式化过的 JSON 格式字符串。在测试时，只需要对比这里返回的 JSON 格式字符串是否符合测试用例中的预期结果就可以了。

11.7.2 通过 POST 方式发送 HTTP 请求

以豆瓣网音乐搜索模块提供的这个接口为例，即"https://api.douban.com/v2/music/search?q= 漫步人生路 &count=2"。当采用 POST 方式发送 HTTP 请求时，为了安全起见，其传递的参数不能直接放在 URL 中，这是 POST 方式与 GET 方式最大的不同点之一。那么此时参数要放置在哪里呢？接下来通过 Postman 展示，如图 11-16 所示。

发送 POST 请求的基本步骤如下。

（1）在左侧下拉框选择 POST 的请求方式。

（2）在地址栏输入请求的 URL（https://api.douban.com/v2/music/search），注意此时的 URL 是不带任何参数的。

（3）选定"Body"单选框。

（4）选定"x-www-form-urlencoded"单选框，并以键（KEY）值（VALUE）对应的方式填入"q= 漫步人生"和"count=2"这两对参数。

（5）单击"Send"按钮，就会获取到服务端响应给客户端的内容。

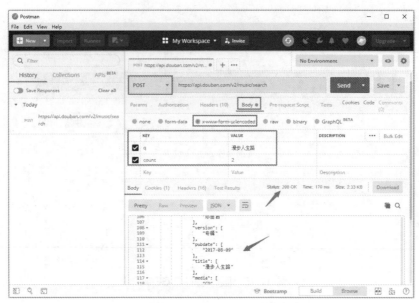

■ 图 11-16　服务端响应 POST 请求

从图 11-16 可以看到，服务端返回的 HTTP 协议状态码是 200，说明服务端正常响应了客户端的请求，至于请求的业务内容正确与否，需要对比 JSON 格式的字符串。通过 POST 方式发送 HTTP 请求时需求注意两点。

（1）POST 方式中的参数并不是直接放在 URL 中，而是放在了请求的 Body 中。所以如果要采用 POST 方式发送请求，普通的浏览器是没有办法完成的，只能寻求如 Postman 这样的专业工具。

（2）在接口测试中，具体是采用 GET 方式还是 POST 方式，这在接口文档中会有明确的规定。大家按接口文档的要求进行测试即可。有关 GET 和 POST 方式的更多区别，请大家在工作一段时间后自行深入了解。

11.7.3　HTTP 的状态码

HTTP 状态码的英文全称是 HTTP Status Code。当客户端发送一个 HTTP 请求到服务端时，服务端会返回一个状态码给客户端（这里客户端可以是 Postman，也可以是浏览器）。这个状态码可用于表明服务端是如何响应客户端发来的请求的，是成功响应还是没有响应客户端发来的请求等。

相信大家曾遇到过这样的情况，当打开一个网页时，经常看到网页上会显示 500 或是 404 的提示，这些数字就是 HTTP 协议状态码，它们是由网页服务端返回的。这里列举了一些常见的状态码以及它们所代表的意义，具体如下。

（1）200：代表你发送的请求成功了，服务端成功响应了你的请求。

（2）202：代表你发送的请求已接受，但服务端还未完成处理。

（3）301：你请求的资源已被永久地移动到新的 URL，网页会跳转到新的地址。

（4）302：URL 临时移动，与 301 类似。但资源只是临时被移动，客户端应继续使用原有 URL。

（5）400：客户端请求的语法错误，服务器无法理解。

（6）403：资源不可用，服务器理解客户的请求，但拒绝处理它，通常是由于服务器上文件或目录的权限设置导致的 Web 访问错误。

（7）404：服务器无法根据客户端的请求找到资源（网页），也就是代表着你请求的资源（网页）不存在了。

（8）500：服务器的内部产生了错误，无法完成客户端的请求。

（9）501：服务器不具备完成请求的功能，无法完成此请求。

通过 Postman 或相关工具进行接口测试时，可以依据 HTTP 协议状态码来判断 HTTP 请求的最终结果是成功了还是失败了。

更多的 HTTP 协议状态码的信息请大家自行参见网上资源和相关图书。

11.8　了解 HTTP 请求 / 响应的协商过程

通过客户端发送 HTTP 请求到服务端看似很简单，只需要通过浏览器或 Postman 等相关工具就可以发送，然后等着接收服务端响应的资源即可。但实际上双方还有一个协商的过程，不是说客户端无论发送什么请求，服务端就必须给出相应的响应。客户端在发送请求时，是需要和服务端签订协议的，这个协议称为 HTTP 协议。也就是说当客户端发送 HTTP 请求时，需要向服务端说明发送的这个请求包括哪些信息，这些信息具体是什么含义；与此同时，服务端在响应客户端请求时，也需要向客户端说明响应了哪些信息，这信息具体是什么含义，从而达到双方协商的过程。但是通过浏览器发送 HTTP 请求时，只能查看到请求的 URL 和服务端响应该请求的正文信息，并不能查看到双方协商过程中的所有信息，所以如果想要查看 HTTP 请求过程中客户端和服务端协商过程中的所有信息，就需要用到 HTTP 请求的抓包工具了。

11.8.1 使用 Firefox 浏览器的抓包工具

HTTP 请求的抓包工具有很多，大家只要会用其中一种就可以了。Firefox 浏览器就自带抓包工具，这里用 Firefox 浏览器自带的抓包工具演示一下客户端发送 HTTP 请求时与服务端协商的过程。具体步骤如下。

（1）利用 Firefox 浏览器发送 "https://api.douban.com/v2/music/search?q= 漫步人生路 &count=2"，然后通过 "F12" 快捷键打开抓包界面，如图 11-17 所示。

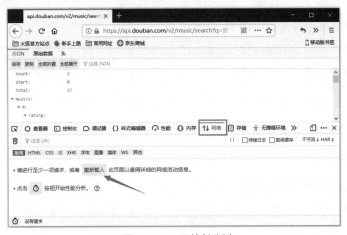

■ 图 11-17 网络控制台

（2）单击 "重新载入" 按钮，重新进行抓包，如图 11-18 所示。

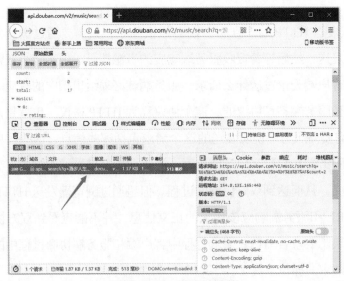

■ 图 11-18 请求被捕获

（3）在图 11-18 的右侧展示了客户端和服务端交互的信息，这些信息包括消息头、请求头、响应头、Cookie、参数、响应 6 个选项的信息，对于耗时、堆栈跟踪、安全这些选项初级软件测试人员可不用关注。接下来逐一查看这 6 个选项的位置。

① 消息头的位置如图 11-19 所示。

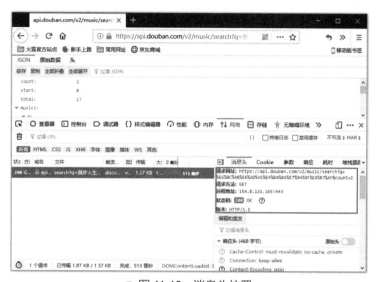

■ 图 11-19　消息头位置

② 请求头的位置如图 11-20 所示。

■ 图 11-20　请求头位置

③ 响应头的位置如图 11-21 所示。

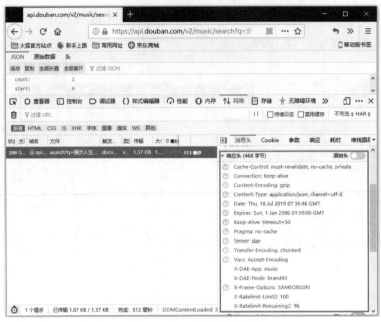

▊ 图 11-21　响应头的位置

④ Cookie、参数、响应这 3 个选项很容易找到，就不单独展示，如图 11-22 所示。

▊ 图 11-22　Cookie、参数、响应的位置

11.8.2 HTTP 中的请求头（Request Header）

首先简要分析一下 HTTP 协议中请求头的作用，分析的过程如下。

（1）当把"https://api.douban.com/v2/music/search?q= 漫步人生路 &count=2"的请求通过浏览器发送给服务器时，同时还会把请求头里的信息也一同发送给服务器，只是在发送的过程中，请求头里的信息如不用抓包工具用户是看不到的。请求头的信息如图 11-23 所示。

图 11-23　请求头信息

（2）请求头的信息会对发送的 URL 请求起到一个辅助说明的作用，如请求头里的第一行信息为"Accept:text/html,application/xhtml+xml,application/xml;q=0.9,*/*,q=0.8"，可以看到它们也是以键值对应的方式出现，键是"Accept"，值是"text/html,application/xhtml+xml,application/xml;q=0.9,*/*,q=0.8"。这行内容是客户端对服务器"说"的，它"告诉"服务器，我希望接收你给我的响应是 html 格式的，或是 xhtml+xml 格式的，或是 xml 格式的，其权重为 q=0.9；当然我也可以接收任意类型的数据格式，这里的"*/*"代表的就是任意类型，其权重为 q=0.8。此时 0.9 比 0.8 大，可以理解为优先接收权重大的数据格式。在这里可以认为客户端和服务端开始数据传输进行协商了，当然服务端也会回应，回应的内容将在下节介绍。

11.8.3 HTTP 中的响应头（Response Header）

响应头在 HTTP 请求 / 响应的过程中，扮演了什么角色呢？分析过程如下。

（1）当服务器收到"https://api.douban.com/v2/music/search?q= 漫步人生路 &count=2"的请求后，就会依据此请求把响应的正文内容发送给客户端，具体内容如图 11-24 所示（这些内容会在浏览器上直接显示，不用抓包工具就可以看到）。

■ 图 11-24　响应的正文

（2）服务器除了把以上正文内容响应给客户端外，还会把响应头里面的信息也一并响应给客户端，响应头的信息如图 11-25 所示（响应头的信息不会在浏览器上直接显示，需要通过抓包工具才能查看）。

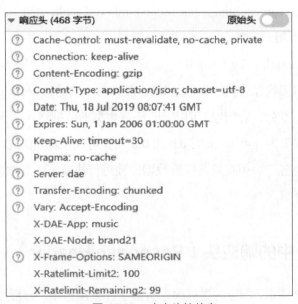

■ 图 11-25　响应头的信息

（3）响应头里面的信息主要是对响应的正文内容起到一个辅助说明作用，刚刚在讲请求头时讲过，客户端想优先接收的数据格式是"html 格式或者 xhtml+xml 格式或者 xml 格式"，当然也可以接收任意类型的数据格式，此时服务端也在响应头里给了客户端一个回应，这个回应就是响应头里第四行内容，即"Content-Type:application/json;charset=utf-8"，它的含义是告诉客户端"既然你可以接收所有类型的数据，那这里我给你返回的数据类型是 JSON 格式的字符串，并且这些字符串是 utf-8 编码格式的字符"。

11.8.4 HTTP 中的 Cookie 信息

Cookie 英译为"小甜饼"，那么 Cookie 在 HTTP 的交互过程中扮演了什么角色呢？下面通过一个流程图来演示一下不带 Cookie 的 HTTP 请求会有什么样的现象，如图 11-26 所示。

请求过程分析如下。

（1）A 用户第一次发送"https://api.douban.com/v2/music/search?q= 漫步人生路 &count=2"到服务端，如果服务端响应给 A 用户的内容里不带 Cookie 信息，那么当 A 用户第二次发送同样的请求"https://api.douban.com/v2/music/search?q= 漫步人生路 &count=2"到服务端时，服务端就不能识别出这是 A 用户发送过来的同一条请求，只会按正常流程再次去响应该请求，也就是说

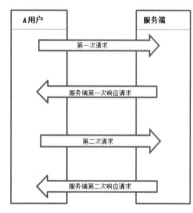

■ 图 11-26　用户请求过程

HTTP 协议是无状态的，服务端无法识别这两次请求是同一个用户发送的。

（2）为了解决无法识别身份这一问题，便引入了 Cookie 机制，服务端为了能识别 A 用户发送过来的第二次请求，特地在回应的响应头里封装了一个 ID 号，回应的时候连同这个 ID 号一起回应给 A 用户。

（3）当 A 用户收到服务端返回的正文内容和响应头后，发现响应头里有一个 ID 号，就会自动把这个 ID 号用文本的方式保存在自己的计算机里。这里的文本信息就是 Cookie 信息。当 A 用户第二次发送该请求到服务端时，就会自动读取本地计算机上的 Cookie 信息（ID 号），并把此 ID 号封装在请求头里，之后连同 URL 一同发送给服务端。

（4）服务端收到 A 用户第二次发送过来的请求后，发现其请求头里携带了 Cookie 信息（ID 号），然后就会去对比服务器上的记录，此时就能确认这是 A 用户第二次发送过

来的请求。

存放 Cookie 信息的文件叫 Cookie 文件，当然如果你将保存在计算机上的 Cookie 文件删除了，当你再一次发送请求到服务端时，服务端就会不认识你了。但为了在后续的请求中能识别你，服务端会重新发送一个新 ID 号存放在你的计算机上。

接下来，通过抓包工具演示 Cookie 的传递过程，具体步骤如下。

（1）清空 Firefox 浏览器之前保存在计算机的 Cookie 信息。通过浏览器"菜单"进入"选项"，再进入"隐私与安全"选项，最后进入"Cookie 和网站数据"选项，如图 11-27 所示。

图 11-27　清除数据

（2）单击"清除数据"按钮，就可以将之前的 Cookie 信息清除，那么此时计算机也没有该浏览器的 Cookie 文件了。

（3）由于删除了 Cookie，A 用户再次通过 Firefox 浏览器发送"https://api.douban.com/v2/music/search?q= 漫步人生路 &count=2"请求到服务端后，通过抓包工具可以看到，请求头里面是没有 Cookie 信息可以携带的，如图 11-28 所示。

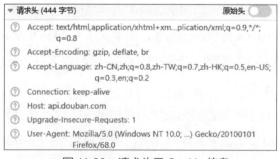

图 11-28　请求头无 Cookie 信息

（4）由于 A 用户发送过来的请求头没有携带 Cookie 信息，此时服务端就不认识你了，但为了后面可以识别你的身份，服务端会在响应头里封装 Cookie 信息，也就是说在响应头里可以看到 Cookie 信息，如图 11-29 所示。

■ 图 11-29　响应头封装 Cookie 信息

　　从图 11-29 中可以找到 Set-Cookie 信息，这段 Cookie 信息为 bid=06e0j5NhEKQ，而参数 Expires、Domain、Path 为可选参数，那么这段 Cookie 信息将会存放在客户端的计算机上。

　　（5）当 A 用户再一次通过 Firefox 浏览器发送"https://api.douban.com/v2/music/search?q= 漫步人生路 &count=2"请求到服务端时（其实就是刷新一下浏览器），就会自动读取本地计算机上的 Cookie 信息，并且把这段 Cookie 信息放置在请求头中发送给服务端，以让服务端识别身份。通过抓包工具就能看到请求头里重新携带了 Cookie 信息（也就是 bid 号），如图 11-30 所示。

■ 图 11-30　请求头携带 Cookie 信息

（6）此时在响应头里是找不到 Set-Cookie 信息的（如图 11-31），因为用户计算机上的 Cookie 文件还存在，服务端不需要再次封装 Cookie 信息，但如果将 A 用户计算机上的 Cookie 信息清除了，那么服务端将重新在响应头里封装 Cookie 信息。

■ 图 11-31　响应头无 Cookie 信息

（7）A 用户每次请求的 Cookie 信息在"Cookie"选项里可以进行查看，如图 11-32 所示。

■ 图 11-32　请求的 Cookie

待大家有一定实际工作经验后自行参考相关图书和网络资料。

11.8.5　HTTP 中的消息头（Message Header）

"消息头"这一术语也称为请求行（Request Line），通过 Firefox 浏览器的抓包工具所抓到的消息头包括了客户端请求时的一些说明以及服务端响应的状态码，如图 11-33 所示。

■ 图 11-33　消息头内容

其中，消息头里面的请求网址，就是在地址栏输入的请求地址 URL，请求方式为 GET。远程地址是服务端的 IP 地址和监听端口，IP 地址不太好记，所以系统把它翻译成了域名，即 api.douban.com，也就是说 154.8.131.165 等同于 api.douban.com。监听端口大家可在有了一定经验之后再行了解。服务器返回的 HTTP 协议状态码为 200，表示请求成功。版本 http/1.1 代表采用 HTTP 协议的版本号。

11.8.6　HTTP 中传递的参数（Params）

接口地址中的附加参数在"参数"选项中可以进行查看，即查询字符串，如图 11-34 所示。

■ 图 11-34　查询字符串

11.8.7　HTTP 中的响应内容（Response）

在浏览器中显示的正文信息，在"响应"选项中可以进行查看。这里面响应的内容也是 JSON 格式字符串，并且经过了格式化，如图 11-35 所示。

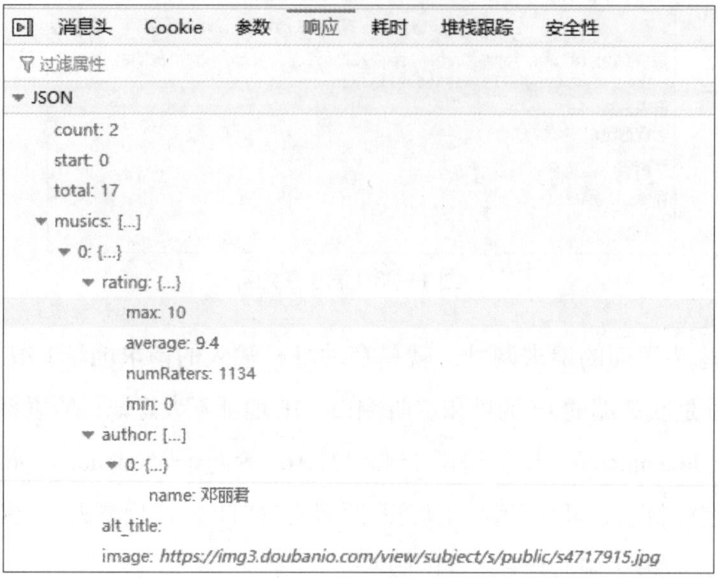

■ 图 11-35　响应的正文

11.9　通过 Python 代码发送 HTTP 请求

除了通过相关的工具可以发送 HTTP 请求外，还可以通过代码来发送 HTTP 请求。在第 10 章中介绍过 Python 中有关模块的概念，Python 自带的很多模块也可以发送 HTTP 请求，如 http.client，urllib2 等模块，但这些自带的模块用起来很复杂，不建议使用。在这里可以使用一个第三方提供的 requests 模块，在该模块中已经封装了发送 HTTP 请求的方法。本节介绍一下如何利用 requests 模块发送 HTTP 请求。

11.9.1　安装 requests 模块

第三方模块需要安装才能导入进来，安装命令是 pip install requests，如图 11-36 所示。从图 11-36 中可以看到，末尾一行提示已安装成功。

11.9.2　导入 requests 模块

新建一个 testing.py 文件，并导入 requests 模块，具体示例代码如下。

■ 图 11-36　安装 requests

```
01  import requests
```

【代码分析】

● 第 01 行代码，通过 import 语句导入 requests 模块，只有导入 requests 模块才能调用模块中的方法。

11.9.3　通过 requests.get() 方法发送 HTTP 请求

测试网址为 https://api.douban.com/v2/music/search?q= 漫步人生路，具体代码如下。

```
01  import requests
02  test_params = 'q= 漫步人生路 '
03  r = requests.get('https://api.douban.com/v2/music/search',
params=test_params)
04  print(r.status_code)
05  print(r.headers)
06  print(r.cookies)
07  print(r.json())
08  print(r.text)
```

【代码分析】

● 第 02 行代码，将参数"q= 漫步人生路"赋值给变量 test_params。

- 第 03 行代码，调用 requests 模块中的 GET 方式来发送此请求，即 requests.get() 方法。在此方法中加入了一个 params 参数，并将变量 test_params 的值赋给 params 这个参数，最后把请求回来的结果赋给变量 r。
- 第 04 行代码，print(r.status_code) 表示打印出系统返回的 HTTP 协议状态码。
- 第 05 行代码，print(r.headers) 表示将响应头的信息打印出来。
- 第 06 行代码，print(r.cookies) 表示打印出 Cookies 信息。
- 第 07 行代码，print(r.json()) 表示以 JSON 格式返回正文信息，并打印出来。
- 第 08 行代码，print(r.text) 表示以文本格式返回正文信息，并打印出来。

【运行结果】

由于内容过多，这里截取部分内容。

```
200
{'Date': 'Thu, 18 Jul 2019 12:46:20 GMT', 'Content-Type':
'application/json; charset=utf-8', 'Transfer-Encoding': 'chunked',
'Connection': 'keep-alive', 'Keep-Alive': 'timeout=30', 'Vary': 'Accept-
Encoding', 'X-Ratelimit-Remaining2': '99', 'X-Ratelimit-Limit2': '100',
'Expires': 'Sun, 1 Jan 2006 01:00:00 GMT', 'Pragma': 'no-cache',
'Cache-Control': 'must-revalidate, no-cache, private', 'Set-Cookie':
'bid=iNH7TnJ16t4; Expires=Fri, 17-Jul-20 12:46:20 GMT; Domain=.douban.
com; Path=/', 'X-DOUBAN-NEWBID': 'iNH7TnJ16t4', 'X-DAE-Node': 'brand21',
'X-DAE-App': 'music', 'Server': 'dae', 'X-Frame-Options': 'SAMEORIGIN',
'Content-Encoding': 'gzip'}
<RequestsCookieJar[<Cookie bid=iNH7TnJ16t4 for .douban.com/>]>
{'count': 17, 'start': 0, 'total': 17, 'musics': [..................... }
[Finished in 1.0s]
```

11.9.4 通过 requests.post() 方法发送 HTTP 请求

测试网址为 https://api.douban.com/v2/music/search?q= 漫步人生路，具体代码如下。

```
01  import requests
```

```
02  test_data = {"q":"漫步人生路"}
03  r = requests.post('https://api.douban.com/v2/music/
search',data=test_data)
04  print(r.status_code)
05  print(r.headers)
06  print(r.cookies)
07  print(r.json())
08  print(r.text)
```

【代码分析】

● 第 02 行代码，将参数"q= 漫步人生路"以 JSON 的格式进行书写"{"q":"漫步人生路"}"，并将此字符串赋给变量 test_data。

● 第 03 行代码，调用 requests 模块中的 POST 方式发送此请求，即 requests.post() 方法。在此方法中加入了一个 data 参数，并将变量 test_data 的值赋给 data 这个参数，最后把请求回来的结果赋给变量 r。

● 第 04 行代码，print(r.status_code) 表示打印出系统返回的 HTTP 协议状态码。

● 第 05 行代码，print(r.headers) 表示将响应头的信息打印出来。

● 第 06 行代码，print(r.cookies) 表示打印出 Cookies 信息。

● 第 07 行代码，print(r.json()) 表示以 JSON 格式返回正文信息，并打印出来。

● 第 08 行代码，print(r.text) 表示以文本格式返回正文信息，并打印出来。

【运行结果】

由于内容过多，这里截取部分内容。

```
200
{'Date': 'Thu, 18 Jul 2019 13:00:27 GMT', 'Content-Type':
'application/json; charset=utf-8', 'Transfer-Encoding': 'chunked',
'Connection': 'keep-alive', 'Keep-Alive': 'timeout=30', 'Vary': 'Accept-
Encoding', 'X-Ratelimit-Remaining2': '99', 'X-Ratelimit-Limit2': '100',
'Expires': 'Sun, 1 Jan 2006 01:00:00 GMT', 'Pragma': 'no-cache',
```

```
'Cache-Control': 'must-revalidate, no-cache, private', 'Set-Cookie':
'bid=Wt49IC0BOUM; Expires=Fri, 17-Jul-20 13:00:27 GMT; Domain=.douban.
com; Path=/', 'X-DOUBAN-NEWBID': 'Wt49IC0BOUM', 'X-DAE-Node': 'brand37',
'X-DAE-App': 'music', 'Server': 'dae', 'X-Frame-Options': 'SAMEORIGIN',
'Content-Encoding': 'gzip'}
    <RequestsCookieJar[<Cookie bid=Wt49IC0BOUM for .douban.com/>]>
    {'count': 17, 'start': 0, 'total':..........................}
    [Finished in 1.0s]
```

本节说明如下。

由于大家已经有了 Python 的一些基础，所以以上两段代码实现起来都很容易，建议可以试一下，看一看输出的结果与通过浏览器和相关工具输出的结果有什么不一样的地方。大家在编辑代码时请在全英文模式下编辑，如遇其他异常情况，建议多尝试，多查资料，并学着自行解决它。

11.10　本章小结

11.10.1　学习提醒

（1）本章内容没有提到有关接口分类和定义的相关内容，原因在于，如果一下子扩展这些知识，对于零基础读者来说可能没有办法接受；而本章的目的只有一个，就是引领初学者入门并引起他们的兴趣和信心。

（2）对测试人员而言，最后一关进行的是系统测试，但越来越多的企业考虑将测试前移，这也是为什么本书要讲接口测试的原因，测试前移将意味着测试可以更接近底层测试，可以说在底层发现的一个 Bug 抵得上在界面上发现的好几个 Bug。

（3）之所以介绍 HTTP 接口，是因为现在 Web 系统普遍采用的都是 HTTP 或 HTTPS 协议，而系统测试人员做得最多也是 HTTP 接口测试。对系统测试人员而言，接口测试的终点是实现接口自动化，从这一点上来讲，需要测试人员掌握一门编程语言，例如 Python

语言，并需要掌握 requests 模块的用法。在这里想着重说明的是，掌握一门脚本开发语言对测试人员来说十分重要。

11.10.2　求职指导

一 | 本章面试常见问题

初级软件测试人员一般面试的都是手工测试（功能测试）的职位，对于接口测试这一块，面试官也会问到接口测试的问题，例如，你有做过接口测试吗？或者问你有编写过接口测试脚本吗？

参考回答：对接口测试有一定的了解，接口文档、接口测试的基本流程、JSON 语法、抓包工具、接口工具、HTTP 交互的基本过程以及 requests 模块中封装的一些方法等方面都有一些初步了解。

注意：当你回答完以上问题后，面试官可能会进一步追问细节，这个时候你就可以将你已学习的知识全部告诉面试官，比如面试官可能进一步问你，你都用过哪些抓包工具或是接口工具、接口测试的基本步骤、接口文档包括了哪些基本要素、GET 请求和 POST 请求的区别、requests 模块都封装哪些 HTTP 请求的方法等问题。

二 | 面试技巧

同 Web 自动化测试一样，别看问题只有一个，但在面试官心中也很重要，因为它代表了你从界面上的功能测试转为底层测试，同时代表了你对接口测试有了一定的基础，所以只要有机会就应该把你所了解到的接口测试内容全部告诉面试官。这样一来，一方面可以听听面试官对你的建议，另一方面也可以告诉面试官你正在积极学习相关的知识来提升自己的能力。

第12章 Linux 操作系统入门

对于 Web 系统而言，前台的大部分服务和请求都是由后台（服务端）处理的。一个 Web 系统功能的实现主要是依赖于后台，所以初级软件测试人员有必要了解一下后台，这就需要从了解后台的操作系统开始，因为后台的各种组件、服务等都是安装在操作系统上的。后台的操作系统主要有两大类，一类是 Windows 系列的操作系统，另一类是 Linux 操作系统。Windows 系列的操作系统在这里就不做讨论了，Linux 因其安全、高效、开源、免费等特点，被广泛地使用于后台服务器。根据作者经验，将近有 90% 的企业在招聘软件测试人员时都要求应聘者了解 Linux 操作系统的相关知识，而近年来云计算的发展更是增加对 Linux 人才的需求。由此可见，测试人员掌握 Linux 操作系统非常有必要。

Linux 操作系统同 Windows 操作系统一样，同样提供了图形操作界面。但 Linux 操作系统的核心并不在于图形界面，而是在于命令行界面，Linux 操作系统的入门其实就是从学习 Linux 操作系统的基础命令行开始的。

市面上介绍 Linux 的图书很多，而且大多都很专业。本书中加入 Linux 相关章节的目的是希望能够帮助初学者入门，激发初学者的学习热情。

12.1 Linux 系统的安装过程

要学习 Linux 操作系统就要先安装 Linux 操作系统，成功地安装 Linux 操作系统对初学者来说是一件很重要的事情，它意味着开启了 Linux 操作系统的大门。Linux 操作系统有多个版本，每个版本都有其应用领域。常见的版本有 Ubuntu 版本、RedHat 版本、CentOS 版本、Fedora 版本等。而 CentOS 版本是常被应用于后台服务器的操作系统，并且可免费使用。因此，本书就以 CentOS 版本为例介绍 Linux 操作系统的安装过程。

一 ┃ 下载 Linux（CentOS 7 版本）操作系统的镜像文件（见图 12-1）

CentOS-7-x86_64-DVD-1810
类型: ISO 文件

■ 图 12-1　CentOS 7 的安装包

　　CentOS 的两个主流版本为 CentOS 6 和 CentOS 7，CentOS 6 使用 2.6 版本的 Linux 内核，CentOS 7 使用 3.10 版本的 Linux 内核，目前很多软件都是基于 Linux 3.x 版本的内核来开发的，使得其在 CentOS 6 上的兼容性不好，且越来越多的企业使用 CentOS 7。所以本书选择下载 CentOS 7.6 版本。大家下载 CentOS 版本时，只需要下载 7.0 以上的版本即可。另外需要注意的是，我们下载的是镜像文件，即是以 .iso 为后缀的文件，且其操作系统的位数是 64 位的。

二 ┃ 安装 Linux（CentOS 版本）操作系统

　　由于本书的物理机上已安装了 Windows 7 操作系统，所以如果想要再安装一个 Linux 操作系统，就需要通过虚拟软件进行安装。由于在第 7 章时已介绍过如何通过虚拟软件安装 Windows XP 操作系统的全过程，所以本次安装只描述关键步骤，具体如下。

　　（1）在虚拟软件上放置镜像文件，如图 12-2 所示。

　　（2）单击“下一步”按钮，将出现如图 12-3 所示的“命名虚拟机”对话框。本书给虚拟机命名为“CentOS 7 64 位”，并将它安装在 C 盘默认的目录下。

■ 图 12-2　装载 CentOS 7 的镜像文件

■ 图 12-3　命名虚拟机

　　（3）单击“下一步”按钮，进入如图 12-4 所示的界面，保留默认值不做任何修改。

（4）单击"下一步"按钮，进入如图 12-5 所示的界面。

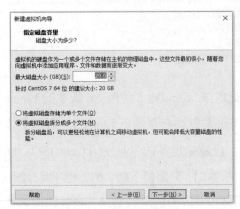

■ 图 12-4 默认磁盘大小

■ 图 12-5 准备创建虚拟机

（5）单击"完成"按钮，进入 CentOS 7 的安装页面，如图 12-6 所示。

（6）通过"Ctrl+Alt"快捷键切换到 CentOS 7 操作系统中，选择第一行提示"Install CentOS 7"后按"Enter"键，等待一段时间后，系统会自动进入语言选择界面。

■ 图 12-6 CentOS 7 安装界面

（7）单击"继续"按钮，进入"安装信息摘要"页面，如图 12-7 所示。

■ 图 12-7 安装信息摘要

（8）单击"安装位置"按钮，进入"安装目标位置"界面，如图 12-8 所示。

※ 图 12-8　安装目标位置

（9）选定"本地标准磁盘"，并随后单击"完成"按钮，系统将返回"安装信息摘要"页面，如图 12-9 所示。

※ 图 12-9　安装信息摘要界面

（10）单击"开始安装"按钮，便开始安装 CentOS 7 操作系统，系统在安装的同时，会给出了两个提示信息，需要设置 ROOT 密码和创建用户，如图 12-10 所示。（ROOT 用户是 CenOS 7 操作系统的超级管理员用户，密码是必须设置的。创建用户是创建普通用户，初学者可暂不用设置。）

■ 图 12-10　用户设置界面

（11）单击"ROOT 密码"按钮，进入"ROOT密码"设置界面，如图 12-11所示（ROOT 用户密码尽量设置得复杂些，否则很容易被暴力破解）。

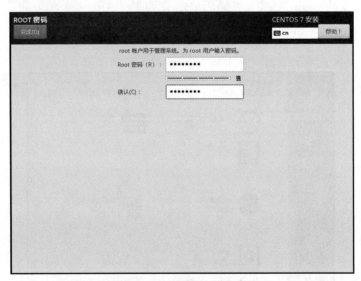

■ 图 12-11　设置 ROOT 密码

（12）设置好 ROOT 密码后单击"完成"按钮，进入"配置"界面，如图 12-12 所示。

（13）单击"完成配置"按钮，系统将继续进行相关配置，直到进入重启界面，如图 12-13 所示。

（14）单击"重启"按钮，进入 CentOS 7 操作系统。在安装过程中如出现异常，请大家及时参阅网上资料。

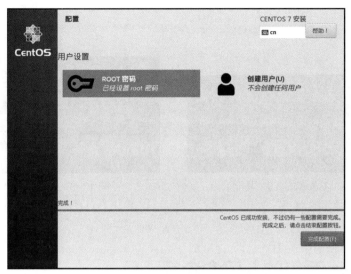

■ 图 12-12　配置界面

■ 图 12-13　CentOS 安装完成

三 | 登录 Linux（CentOS 版本）操作系统

重启完成后，出现如图 12-14 所示的黑色命令行界面，这便是 CentOS 操作系统的登录界面。在光标闪烁处，即"localhost login:"后输入用户名"root"并按"Enter"键，然后输入之前设置的 ROOT 密码便可以成功登录系统（注意密码不会显示出来），如图

12-15 所示。

■ 图 12-14　CentOS 7 登录界面　　　　　　　■ 图 12-15　登录 CentOS 成功

12.2　Linux 系统的入门命令行

　　Windows 操作系统是一款具备图形界面的操作系统，而安装的 CentOS 操作系统却是命令行模式的操作系统，不过如果安装了图形相关的程序包，也可以切换到 CentOS 操作系统的图形界面。但是，在实际工作中，绝大多数的 Linux 用户并不会通过图形界面来操作 Linux 操作系统，而是通过命令行界面来完成对 Linux 操作系统的各项操作。因为通过命令行来操作 Linux 操作系统更高效、快捷、稳定，并且能完成很多图形界面无法完成的操作。

　　用于管理 Linux 操作系统的命令行有很多，本章只选用了一些对于初学者而言非常重要的入门命令行。这些命令行包括：cd 命令、ls 命令、pwd 命令、命令提示符、touch 命令、mkdir 命令、cp 命令、rm 命令、vi 编辑器、find 命令、grep 命令、cat 命令、head 命令、tail 命令，初学者尤其要注意 cd 命令、ls 命令、pwd 这 3 个命令的使用。本节将对这些命令逐一进行介绍。

12.2.1　cd 命令、ls 命令、pwd 命令

　　要想了解 cd 命令、ls 命令、pwd 命令的基本使用方法，就要先了解 Linux 操作系统的目录结构。在这里通过对比 Windows 目录结构的方式帮助大家了解 Linux 操作系统的目录结构，如图 12-16 所示。

　　在 Linux 操作系统中，所有的目录和文件都是放在"/"下的，这里的"/"就相当于Windows 操作系统里面的盘符（如 D 盘）。我们把"/"称为根目录，Linux 操作系统里面

只有一个根目录。

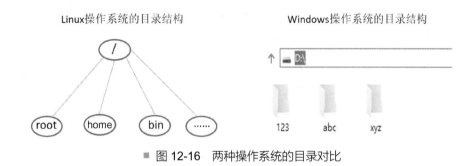

■ 图 12-16　两种操作系统的目录对比

"/"（根目录）下面还有 root 目录、home 目录、bin 目录等子目录，这些子目录就相当于 Windows 操作系统 D 盘里面的 123 文件夹、abc 文件夹、xyz 文件夹，也就是说目录等同于文件夹，目录里还可以有目录，文件夹里还可以有文件夹。

从图 12-17 可以看到"/"（根目录）下面有一个 root 目录（文件夹），这个目录的名字跟超级管理员的名字是一样的，都叫 root。那么这个 root 目录可以理解为是 Linux 操作系统自动分配给 root 用户专用的一个目录，也被称为 root 用户的家目录，root 用户可以在这个目录里放置和新建任意东西。

一 ┃ cd 命令

在 Windows 操作系统里面，如果要进入 D 盘只需要双击 D 盘图标就可以实现，而在 Linux 操作系统中，要想进入到"/"根目录，只要在命令行界面输入"cd /"命令然后按"Enter"键即可。注意 cd 命令和根目录之间有空格，具体命令如下。

```
[root@localhost ~ ]# cd /
[root@localhost /]#
```

【命令分析】
● 　使用 cd 命令切换到根目录，可以看到原先在"~"目录（至于~目录代表的是什么，后面会讲）变成了"/"根目录，也就是说 root 用户由"~"目录切换到了"/"根目录，在 Windows 操作系统里面相当于用户在某一目录下直接返回到了 D 盘。

二 ｜ ls 命令

在 Windows 操作系统里面，如果要看 D 盘里面包含了哪些文件夹，只需要打开 D 盘就可以查看 D 盘里所有的文件夹，在 Linux 操作系统中，如果要查看 "/" 根目录里面具体包含了哪些目录也很容易，只需要执行 ls 命令然后按 "Enter" 键即可，具体命令如下。

```
[root@localhost /]# ls
bin boot dev etc home lib lib64 media mnt opt proc root run
sbin srv sys tmp usr var
[root@localhost /]#
```

【命令分析】
- 使用 ls 命令可以查看根目录下所有文件和目录，其中蓝色代表的是目录（相当于 Windows 操作系统中的文件夹）。

三 ｜ pwd 命令

在 Windows 操作系统中，如果要进入 D 盘下的 123 文件夹中，只需要双击 123 文件夹就可以进入，而在 Linux 操作系统中，如果要进入到根目录下的 etc 目录里，直接执行 "cd etc" 然后按 "Enter" 键即可，具体命令如下。

```
[root@localhost /]# cd etc
[root@localhost etc]#
```

可以看到成功切换到 etc 目录了，但这里面有一点要注意，etc 目录是在根目录下面的，但此时根目录并没有显示出来，要想显示 etc 目录的准确位置，可以使用 pwd 命令，接下来使用 pwd 命令显示 etc 目录的上一级，具体命令如下。

```
[root@localhost etc]# pwd
/etc
[root@localhost etc]#
```

【命令分析】

● pwd 命令用于显示当前目录的准确位置。通过 pwd 查询的结果可以看到 etc 目录是在根目录下面的。

12.2.2　命令提示符

通过命令行执行命令的时候，都是在命令提示符下执行的。命令提示符如下所示。

```
[root@localhost etc]#
```

【命令分析】

● @ 符号前面的为当前登录的用户，这里可以看到当前登录的用户为 root 用户，也就是超级管理员。

● @ 符号后面跟的是主机名，此处的主机名为 localhost。

● 主机名后面跟的是当前用户所处的目录，这里的目录是 etc 目录，也就是说 root 用户正处根目录下的 etc 目录下。

● 命令提示符的最后一个字符是"#"号，它的含义是当前登录的用户为 root 用户，如果此处显示是"$"符号，则代表当前登录的用户不是 root 用户，而是一个普通用户。

12.2.3　当前用户的家目录

如果在命令提示符后面直接执行 cd 命令，会出现什么样的情况呢？具体命令如下。

```
[root@localhost etc]# cd
[root@localhost ~ ]# pwd
/root
[root@localhost ~ ]#
```

【命令分析】

● 执行 cd 命令后，root 用户所处的目录变成了"~"目录，"~"目录代表的就是当前用户的家目录。

● 执行 pwd 后，可以看到"~"目录代表的是 /root，也就是根目录下的 root 目录。前面介绍过，根目录下的 root 目录是系统为 root 用户分配的专用目录，也称为 root 用户的家目录。另外，不管当前用户是在哪个目录下，只要直接执行 cd 命令，都会进入到当前用户的家目录，并且用"~"表示。如果是普通用户登录操作系统并执行了 cd 命令，那么普通用户也会进入到系统为之分配的家目录中，可以执行 pwd 命令来查看家目录的路径。

12.2.4　touch 命令、mkdir 命令、cp 命令、rm 命令

在 Windows 操作系统里面我们经常进行新建文件、新建文件夹、复制文件、删除文件、删除文件夹等操作，在 Linux 操作系统中，同样可以用命令行来完成这些操作。

一｜touch 命令

在 Windows 操作系统里面新建一个文件时只需要单击鼠标右键并进行新建就可以了，而在 Linux 操作系统中新建一个普通文件时，需要用到 touch 命令，具体命令如下。

```
[root@localhost ~ ]# touch 88
[root@localhost ~ ]# ls
88  anaconda-ks.cfg
[root@localhost ~ ]#
```

【命令分析】
● 通过 touch 命令新建一个名为"88"的普通文件，这里的普通文件相当于 Windows 操作系统里面新建了一个文本文档，并用白色字体进行显示。可通过 ls 命令检查当前用户的家目录下是否新增"88"这个文件。

二｜mkdir 命令

在 Windows 操作系统里面新建一个文件夹时同样只需要单击鼠标右键后新建即可，在 Linux 操作系统中新建一个目录时，需要用到 mkdir 命令，具体命令如下。

```
[root@localhost ~ ]# mkdir test

[root@localhost ~ ]# ls

88  anaconda-ks.cfg  test

[root@localhost ~ ]#
```

【命令分析】

● 通过 mkdir 命令在当前用户的家目录下新建一个名为 "test" 的目录。可通过 ls 命令检查当前用户的家目录下是否新增 "test" 这个目录，并用蓝色字体显示。

三 | cp 命令

在前面的两个例子中，我们知道当前用户的家目录，即 /root 目录下包含了一个 88 文件，并同时包含了一个 test 子目录，也就是说 88 这个文件并不在 test 目录下，此时如果想将 88 文件复制到 test 目录里面，应该如何操作呢？这就需要用到 cp 命令，具体命令如下。

```
[root@localhost ~ ]# cp 88 test

[root@localhost ~ ]# cd test

[root@localhost test]# ls

88

[root@localhost test]#
```

【命令分析】

● 由于 test 目录直接放在当前用户的家目录下（/root 目录下），所以可以直接使用 "cp 88 test" 的命令进行复制。当然也可以使用 "cp 88 /root/test" 命令进行复制，它的含义是说把当前用户家目录下的 88 文件复制到根目录下的 root 目录下的 test 目录中。

● 复制完成后，使用 cd 命令进入 test 目录，并用 ls 命令进行查看，可以看到 test 目录下新增了 88 文件。由于 test 目录是直接放在当前用户的家目录下，所以可以直接用 "cd test" 命令进入，当然也可以使用 "cd /root/test" 命令进入，相当于重新由根目录进入 root 目录再进入 test 目录中。那能不能写成 "cd /test" 呢？这是不行的，它的含义是说进入到根目录下的 test 目录，但根目录下并没有 test 目录，而 test 目录在根目录下的 root 目录下，所以进目录时必须一级一级地进入，而不能跳着进入。

四丨rm 命令

在 Windows 操作系统里面很容易进行删除文件夹和文件的操作，只要单击鼠标右键删除即可，在 Linux 操作系统中就要用到 rm 命令，具体命令如下。

```
[root@localhost test]# cd
[root@localhost ~ ]# ls
88  anaconda-ks.cfg  test
[root@localhost ~ ]# rm -f 88
[root@localhost ~ ]# ls
anaconda-ks.cfg  test
[root@localhost ~ ]# rm -rf test
[root@localhost ~ ]# ls
anaconda-ks.cfg
[root@localhost ~ ]#
```

【命令分析】

● 第 1 条命令执行了 cd 命令，前面讲过在任何时候执行 cd 命令都会退回到当前用户的家目录，当前用户的家目录用"~"表示，这里的家目录就是 root 用户的家目录，也就是 /root 目录。

● 第 2 条命令是通过 ls 命令查看 /root 目录下所包含的文件列表信息，可以看到此目录下包含了两个文件和一个目录。

● 第 3 条命令使用 rm 进行文件删除，注意此命令后面加了"-f"选项，此选项代表强制删除 88 文件，删除过程中不会出现提示。使用 rm 删除文件后不能恢复，注意"-f"选项前后均有空格。

● 第 4 条命令是通过 ls 命令查看 /root 目录下是否还包含 88 文件，可以看到当前用户的家目录下已经不再包含 88 文件。

● 第 5 条命令是使用 rm 删除当前用户家目录下的 test 目录，删除目录时需要加入"-r"选项才能删除，"-rf"代表的是强制删除目录及该目录下所有的内容，并且删除之后不能恢复。

● 第 6 条命令是通过 ls 命令查看 /root 目录下是否还包含 test 目录，可以看到当前用户的家目录下已经不再包含 test 目录。

12.2.5　vi 编辑器

vi 编辑器是 Linux 操作系统中的一款文本编辑器，用于编写与修改 Linux 操作系统中的文本文件，而 vim 是 vi 的升级版，但大多数 Linux 用户习惯操作 vi 编辑器。接下来就以 vi 编辑器为例简要说明它的使用流程和方法。

（1）直接在 Linux 命令提示符后面输入"vi"命令。

```
[root@localhost ~]# vi
```

（2）输入"vi"命令后按"Enter"键，可以直接打开 vi 编辑器的主界面，如图 12-17 所示。

■ 图 12-17　vi 编辑器（命令行模式）

（3）对初学者来说可以这么理解，打开 vi 编辑器其实相当于打开了一个文本文档，但与文本文档不同的是，打开 vi 编辑器时并不能马上进行编辑，此时 vi 编辑器正处在命令行模式下，它需要接收相应的命令才能转入输入模式。要想将 vi 编辑器由命令行模式切换到输入模式，可以按键盘的上"Insert"键（或按"I"等符号键也可以），如图 12-18 所示。

■ 图 12-18　输入模式

当按下键盘上的"Insert"键后，vi 编辑器底部将出现"INSERT"字样，这意味着 vi 编辑器已进入输入模式，此时就可以输入字符了。

（4）当用户输入完信息后，如何保存刚输入的文本信息呢？首先要按键盘左上角的"Esc"键，使得 vi 编辑器由输入模式进入命令行模式，如图 12-19 所示。

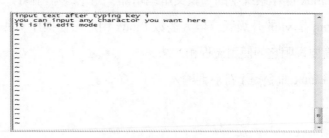

■ 图 12-19　返回到命令行模式

按下"Esc"键后可以看到底部的"INSERT"字样消失了，此时 vi 编辑器又回到了命令行模式。

（5）同时按键盘上的"Shift"键和冒号"："，使 vi 编辑器由命令行模式进入到末行模式，如图 12-20 所示。

■ 图 12-20　进入末行模式

（6）在末行模式中输入"w 123"，其中 w 代表的是保存，123 代表该文本内容保存之后的文件名，如图 12-21 所示（w 和文件名 123 之间有一个空格）。

■ 图 12-21　保存文件内容并命名

（7）输入完"w 123"后，按"Enter"键就可以将此文本内容保存为 123 的文件，就相当于保存了一个名为 123 的文本文档，如图 12-22 所示。

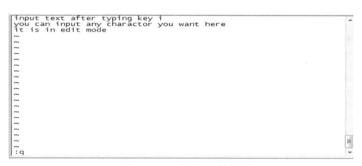

■ 图 12-22　文本保存成功

最后一行的提示信息告诉我们已经保存成功了，其中"123"为保存后的文件名，"3L"和"95C"分别代表该文件的行数和大小。

（8）如果想退出 vi 编辑器，只需要同时按键盘上的"Shift"键和冒号"："键，然后输入 q 后按"Enter"键即可，如图 12-23 所示。

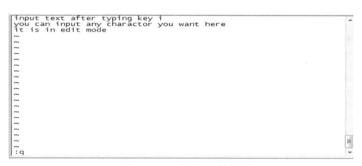

■ 图 12-23　退出 vi 编辑器

（9）退出 vi 编辑器后会回到命令行界面，此时可以通过 ls 命令查看 123 这个文件，具体命令如下。

```
[root@localhost ~ ]# ls
123  anaconda-ks.cfg
[root@localhost ~ ]#
```

（10）如果在命令行界面执行"vi 123"就会重新打开此文件（注意 vi 和 123 之间有

空格），并可以重新进行编辑、保存，如图 12-24 所示。

■ 图 12-24　重新打开 vi 编辑器

重新通过 vi 编辑器打开 123 文件后，vi 编辑器又将进入命令行模式，在此模式下，还可以进行复制、粘贴、删除操作，例如要复制某一行内容，可将光标移动到要复制的行中，然后快速按下 yy 就可以复制本行内容，粘贴的话只需要按下 "P" 键就可以了；如果想要删除某一行，只需要快速按下 dd 就可以了。请注意无论是复制、粘贴，还是删除，都是在命令行模式下操作的。

12.2.6　find 命令、grep 命令

在 Windows 操作系统里面我们经常搜索文件、匹配文件内容，在 Linux 操作系统中，同样可以用命令来完成这些操作。

一 ┃ find 命令

在 12.2.5 节中通过 vi 编辑器新建了一个名为 "123" 的文件，如果忘记了这个文件的位置，这时就可以使用 find 命令找到该文件的具体位置。具体命令如下。

```
[root@localhost ~ ]# find / -name 123
/root/123
[root@localhost ~ ]#
```

【命令分析】
- "find / -name 123" 整条命令的含义是在 "/" 根目录下去查找文件名为 "123" 的

文件，其中"-name"为 find 命令的选项，含义是通过文件名去查找。"/"和"-name"前后都有空格。查找的结果显示，该文件是在根目录下的 root 目录下。

二 | grep 命令

通过 find 命令找到了 123 这个文件，但此时如果想把 123 这个文件中包含"a"字符的行过滤出来，那么此时就要用到 grep 命令。具体命令如下。

```
[root@localhost ~ ]# grep a /root/123

input text after typing key i

you can input any charactor you want here

[root@localhost ~ ]#
```

【命令分析】
● 通过 grep 命令把根目录下的 root 目录下的 123 这个文件中包含字符"a"的行过滤出来。注意"a"字符前后都有空格。从结果中可以看到包含"a"的两行被过滤出来，并且"a"字符本身会用红色字体显示。

12.2.7　cat 命令、head 命令、tail 命令

如果仅仅是查看某个文件中的内容，可以使用 cat 命令、head 命令、tail 命令。

一 | cat 命令

查看文件的全部内容，具体命令如下。

```
[root@localhost ~ ]# cat 123

input text after typing key i

you can input any charactor you want here

it is in edit mode

[root@localhost ~ ]#
```

【命令分析】

- 由于 123 这个文件刚好放在 /root 目录下，所以可以使用 "cat 123" 来查看 123 这个文件里面的内容，也可以使用 "cat /root/123" 来查看。使用 cat 命令时只可查看，不可编辑。

二 ▏ head 命令

如果使用 head 命令查看文件，默认情况下只会显示该文件的前十行，由于 123 文件的内容比较少，这里又新建了一个超过 10 行内容的文件（文件名为 1234）来演示 head 命令，具体命令如下。

```
[root@localhost ~ ]# cat 1234
this is line 1
this is line 2
this is line 3
this is line 4
this is line 5
this is line 6
this is line 7
this is line 8
this is line 9
this is line 10
this is line 11
this is line 12
[root@localhost ~ ]# head 1234
this is line 1
this is line 2
this is line 3
this is line 4
this is line 5
this is line 6
```

```
this is line 7
this is line 8
this is line 9
this is line 10
[root@localhost ~ ]#
```

【命令分析】
● 先使用 cat 命令来查看 1234 这个文件里面的全部内容，该文件一共包含了 12 行。然后再使用 head 命令，这时只会显示该文件的前 10 行内容。

三 | tail 命令

如果使用 tail 命令查看文件，默认情况下只会显示该文件末尾 10 行，具体命令如下。

```
[root@localhost ~ ]# tail 1234
this is line 3
this is line 4
this is line 5
this is line 6
this is line 7
this is line 8
this is line 9
this is line 10
this is line 11
this is line 12
[root@localhost ~ ]#
```

【命令分析】
● 使用 tail 命令，则只会显示该文件的最后 10 行。

12.3　演示一个简单的 shell 脚本

前一节中介绍的命令行都是一条一条执行的，但其实可以把要执行的命令按顺序存放在一个文本文件中，并且给该文本文件授予一个可执行的权限，这样每次执行时就只需要执行该文本文件，就可以一次性把文本文件里所包含的全部命令执行完成，而无须手工一条一条执行。这个具有可执行权限的文本文件就是 shell 脚本。shell 脚本在测试领域有着广泛的应用，由于初学者基础较为薄弱，在这里仅给大家演示一个简单的 shell 脚本示例。

（1）创建一个新文件并新建一个普通用户。

```
[root@localhost ~ ]# touch 456
[root@localhost ~ ]# ls
123  1234  456  anaconda-ks.cfg
[root@localhost ~ ]# useradd jiangchu001
```

【命令分析】
- 第 1 条命令通过 touch 命令新建 456 这个文件。
- 第 2 条命令通过 ls 命令检测 456 这个文件是否新建成功。
- 第 3 条命令使用 useradd 命令为 Linux 操作系统添加一个普通用户，该用户名为 jiangchu001。

（2）通过 vi 编辑器打开 456 文档，具体命令如下。

```
[root@localhost ~ ]# vi 456
```

（3）打开 456 这个空白文档后，此文档会处在命令行模式下，此时按下键盘上的 Insert 键后转为输入模式，在该文档中输入以下两条命令，如图 12-25 所示。
【命令分析】
- cal 命令用于显示日历信息。
- su 命令用于切换用户，"su jiangchu001"的含义是从 root 用户切换到 jiangchu001 用户中去，注意"su jiangchu001"中间有空格。

（4）输入以上两条命令后，需要将 456 这个文件保存并退出，具体步骤是先按"Esc"

键返回到命令行模式，然后同时按键盘上的"Shift"键加冒号"："转到末行模式，随后输入"wq"后按"Enter"键就可以保存并退出，如图 12-26 所示。

图 12-25　输入命令

图 12-26　保存并退出

（5）退出 vi 编辑器后将回到命令行界面，接着使用 chmod 命令为 456 这个文件授予可执行的权限，具体命令如下。

```
[root@localhost ~ ]# chmod +x 456
[root@localhost ~ ]#
```

【命令分析】

● chmod 为授予权限命令，x 代表的是可执行的权限，"+x 456"的含义是为 456 这个文件增加可执行的权限，注意"+x"前后有空格，执行完"chmod +x 456"这个命令后，456 这个文件就变成了一个可执行文件。

（6）通过 ./456（也就是点加斜杠加 456，注意这三者之间没有空格）就可以执行 456 这个脚本文件，具体命令如下。

```
[root@localhost ~]# ./456
四月 2019
日  一  二  三  四  五  六
    1  2  3  4  5  6
 7  8  9 10 11 12 13
14 15 16 17 18 19 20
21 22 23 24 25 26 27
28 29 30
[jiangchu001@localhost root]$
```

【命令分析】

● 以 ./（点加斜杠）的方式来执行 456 这个脚本文件后，运行结果首先显示了日历信息，然后系统自动将用户切换到 jiangchu001 这个用户当中。由于 jiangchu001 用户是一个普通用户，所以命令提示符显示的是"$"符号，而不是"#"号。

12.4 本章小结

12.4.1 学习提醒

（1）命令行在 Linux 操作系统中占有重要地位，本章中所提到的命令行仅仅是指引大家入门，使大家对命令行有一个初步认识。

（2）强烈建议初学者购买一本 Linux 命令行的参考书，并建议至少要掌握 50 个常用命令行后再去面试。具体有哪些常用的命令行，一般的 Linux 命令行图书中都会提到。

（3）由于测试人员需要越来越多地了解后台知识，所以初级软件测试人员可深入学习 Linux 相关的命令和 shell 脚本，这对初学者今后的测试工作将会产生重要影响。

12.4.2 求职指导

一 | 本章面试常见问题

初级软件测试人员在面试的过程中，关于 Linux 操作系统的问题是必定会被问到的，面试官一般情况下会问一个问题：你用过 Linux 操作系统吗？

参考回答：关于 Linux 操作系统，我主要是熟悉它的一些基础命令行的使用，在工作中经常用到的命令行大概有 50 个。

注意：当你回答完以上的问题，面试官可能会进一步追问你都熟悉哪些命令行，这时你就可以将你知道的知识点全部告诉面试官。

二 | 面试技巧

关于 Linux 操作系统的面试题目一般有两种表现方式，一种是面试官直接问你对 Linux 操作系统的掌握程度，不限于命令行；另一种是笔试，如果有笔试的话，基本上都会有 Linux 命令行的题目，主要考察基础命令行的基本使用方法。当然，很多面试官有可能直接让你写出你所知道的所有命令行。

第13章 Oracle 数据库入门

数据库是后台重要的组件，它是后台存放数据的重要载体，无论是什么样的系统，其数据资源都是产品的核心。

对于 Web 系统而言，测试人员在前台页面所做的操作，无论是查询数据，还是增加数据等其他操作，其实很大程度上都是在操纵后台数据库。因为前台页面显示的这些数据大多是从后台数据库查询出来的，在前台增加的数据最终也是存放在数据库里。不同的是通过前台页面操作数据时，需要通过 Web 中间件（如 Apache 服务、PHP 服务等服务程序）处理后再去操作数据库，也就是说前台在操作数据时其实是在间接地操作数据库。除此之外，还可以通过 SQL 语句（操作数据库的语言）直接操作数据库中的数据。如果要判断从前台传递给数据库的数据是否正确，或者说要检查前台页面上显示的数据与后台数据库显示的数据是否一致时，就需要通过 SQL 语句来直接操纵数据库进行求证，这就是初级软件测试人员要学习数据库的主要原因。根据作者的经验，有近 95% 的企业在招聘软件测试人员时都要求面试者对数据库有所了解。

常见的数据库类型有 MySQL 数据库、SQL Server 数据库、Oracle 数据库等，对于初级软件测试人员而言，主要是需要了解数据库的 SQL 语句，至于说选择哪一款数据库来学习并没有具体要求。由于 Oracle 在数据库领域一直处于领先地位，本书就选用 Oracle 数据库作为示例来介绍 SQL 语句是如何操作数据库中的数据的。

13.1 Oracle 的安装过程

要学习 Oracle 数据库，首先要安装 Oracle 数据库，成功地安装 Oracle 数据库对初学者来说是一件很重要的事情，它意味着开启了 Oracle 数据库的大门。Oracle 数据库有多个版本，例如有 Oracle 8、Oracle 8i、Oracle 9i、Oracle 10g、Oracle 11g、Oracle 12c 等。由于 Oracle 数据库本身包含的内容很多，大部分的内容是初学者所接触不到的，而我们主要学习的是 Oracle 之 SQL 语句，所以单从 SQL 语句的角度来看，无论是早期版本，还是 Oracle 最新版本，其 SQL 语句的语法变化都非常小，初学者可以选择以上任何一个版本进行安装，但考虑到与操作系统兼容性的问题，本书推荐初学者在 Windows 7 操作系统上安装 Oracle 11g，其安装步骤相对简单，对硬件要求也不高，是入门较好的选择。下面以 Oracle 11g 为例简述其安装的主要步骤。

一 ｜ 通过网络下载 Oracle 11g 的安装包

（1）通过网络下载 Oracle 11g 的安装包，并注意操作系统的位数。Windows 7 操作系统一般是 64 位的操作系统，下载时就选择 64 位的 Oracle 11g。

（2）下载完成后将其进行解压，解压之后的文件如图 13-1 所示。

■ 图 13-1　Oracle 11g 的安装包

二 ｜ 安装 Oracle 11g

Oracle 11g 安装过程并不复杂，在这里简述其主要安装步骤，具体如下。

（1）双击"setup.exe"图标后将启动 Oracle 安装"配置安全更新"界面。"配置安全更新"界面里的"电子邮件"栏可以不填（如有提示请忽略），取消勾选"我希望通过 My Oracle Support 接收安全更新"选项，如图 13-2 所示。

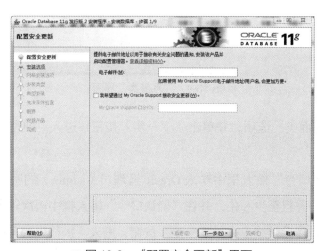

■ 图 13-2　"配置安全更新"界面

（2）单击"下一步"按钮，进入"选择安装选项"界面，如图 13-3 所示。

■ 图 13-3 "选择安装选项"界面

（3）选定"创建和配置数据库"选项，并单击"下一步"按钮，进入"系统类"界面，如图 13-4 所示。

■ 图 13-4 "系统类"界面

（4）选定"桌面类"选项，并单击"下一步"按钮，进入"典型安装配置"界面，如图 13-5 所示。

（5）在"管理口令"输入框中输入 Oracle 管理员（admin）的密码，密码需要包含大小写字母和数字，并且至少 8 位，并在"确认口令"输入框中再次输入密码，系统如有提示，请忽略提示。然后继续单击"下一步"按钮，进入"执行先决条件检查"界面，如图 13-6 所示。

■ 图 13-5　"典型安装配置"界面

■ 图 13-6　"执行先决条件检查"界面

（6）先决条件检查完成后，进入"概要"界面，如图 13-7 所示。

■ 图 13-7　"概要"界面

（7）单击"完成"按钮，进入"安装产品"界面，并自动进行产品安装，如图 13-8 所示。

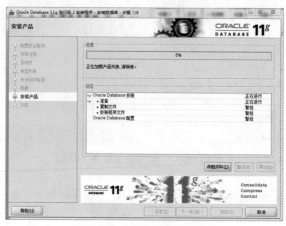

图 13-8　"安装产品"界面

（8）数据库安装完成后，将弹出"Database Configuration Assistant"（数据库配置助手）界面，如图 13-9 所示。

图 13-9　数据库配置助手

（9）单击"口令管理"按钮，进入"口令管理"界面，如图 13-10 所示。找到 SCOTT 用户，取消勾选"是否锁定账户"（插图为软件原图，其中"帐户"是错误的，正确的为"账户"），并为 SCOTT 用户重新设置一个密码。SCOTT 用户是 Oracle 自动创建的用户，后面将会使用 SCOTT 用户登录 Oracle 数据库。

（10）单击"确定"按钮，回到"安装产品"界面，如图 13-11 所示。

（11）单击"下一步"按钮，进入"完成"界面，如图 13-12 所示。

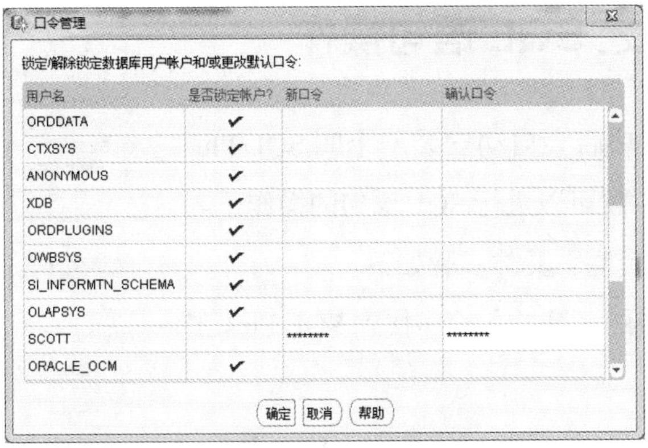

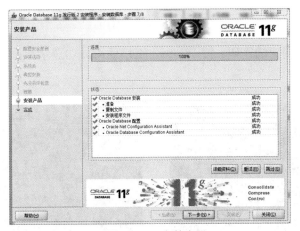

■ 图 13-10　口令管理

■ 图 13-11　安装产品

■ 图 13-12　完成安装

此时就说明 Oracle 数据库已安装成功，单击"关闭"按钮关闭界面即可。如在安装过程中出现了其他问题，请通过网络搜索和翻阅相关图书自行解决。

13.2　Oracle 之 SQL 语句操作

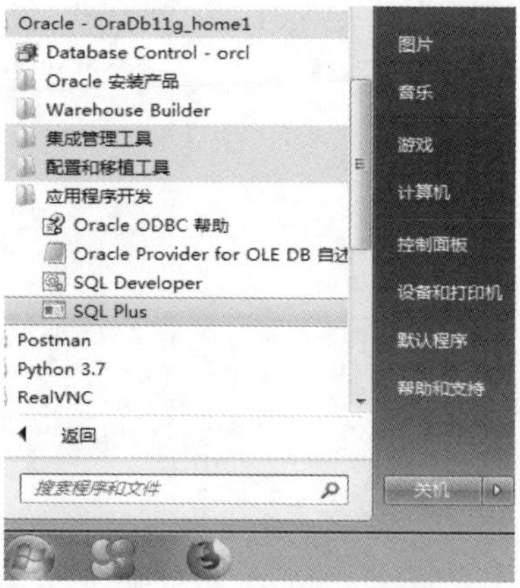

当 Oracle 安装成功后会自动安装一个叫 SQL Plus 的工具，利用此工具，就可以进行 SQL 语句的操作了。如何启动 SQL Plus 工具呢？具体步骤如下。

（1）在操作系统的"开始"程序找到 SQL Plus 工具，如图 13-13 所示。

（2）单击"SQL Plus"选项将出现以下登录界面，如图 13-14 所示。

（3）在"请输入用户名"处输入"SCOTT"用户，

接着输入"SCOTT"用户的密码，按"Enter"键后便可成功登录数据库，如图 13-15 所示。

■ 图 13-13　SQL Plus 工具入口

■ 图 13-14　SQL Plus 登录界面

■ 图 13-15　数据库登录成功

在此界面，就可以使用 SQL 语句来操作 Oracle 数据库中的数据了。SQL 语句主要由关键字组成，用于操作 Oracle 数据库的关键字有很多，本章选用了对于初学者入门来说比较重要的几个关键字，分别是 select、from、where、order by、create table、insert、update、delete。

13.2.1　使用关键字 select、from 查询数据

想要使用关键字 select、from 来查询数据库，首先就要了解数据库中两个比较重要的概念："表"和"列"。"表"和"列"在数据库中代表什么意义呢？接下来就用实体仓库和数据仓库进行对比，帮助大家理解"表"和"列"的概念，最后再使用关键字 select、from 来查询数据库中的数据。

一 | **实体仓库图**

某工厂是一个 IT 电器的生产商，主要生产手机、笔记本电脑、台式计算机等 IT 设备，该工厂有一个名叫 AB 的实体仓库，该仓库存放的是各个设备的配件，如图 13-16 所示。

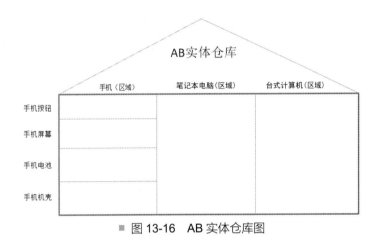

■ 图 13-16　AB 实体仓库图

（1）AB 实体仓库一共划分成了 3 个区域，并分别命名为"手机""笔记本电脑""台式计算机"。

（2）"手机"这个区域又被划分成了 4 个区域，并分别命名为"手机按钮""手机屏幕""手机电池""手机机壳"，很明显"手机按钮"这个区域是存放手机按钮的，其他 3 个区域分别存放手机屏幕、手机电池、手机机壳。

（3）"笔记本电脑"区域、"台式计算机"区域同样也会在各自的区域中划分出更小的区域，然后在每个小区域中存放相关的配件。

（4）配件存放好之后就可以被生产车间调用，例如生产车间需要用到"手机屏幕"时，只能从"手机"区域才能调到"手机屏幕"这个配件，而不能从"笔记本电脑"区域和"台式计算机"区域去调，因为这两个区域里面存放的并不是与手机相关的配件。

二 | **数据仓库图**

数据仓库和实体仓库的区别就在于一个是存放数据的，一个是存放实体产品的。

某公司为了更好地管理员工的信息、部门信息、工资级别信息，特地把这三部分的信息存放在一个名叫 CD 的数据仓库里，如图 13-17 所示。

（1）CD 数据仓库同样被划分成了 3 个区域，并分别命名为"员工""部门""工资级别"。

（2）"员工"这个区域又被划分成了 4 个区域，并分别命名为"员工姓名""员工工号""员工职位""入职日期"。"员工姓名"这个区域存放着公司所有员工的姓名信息，其他 3 个区域分别存放着公司全体员工的工号、职位以及入职日期等信息。

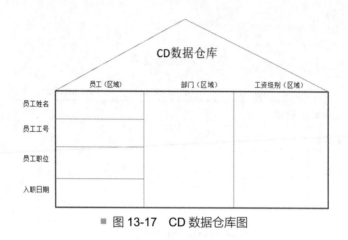

■ 图 13-17 CD 数据仓库图

（3）"部门""工资级别"这两大区域同样也会在各自的区域中划分出更小的区域，然后在每个区域中存放部门及工资级别的相关信息。

（4）当数据全部存放好之后，如果公司领导想查看公司所有员工的姓名，那应该如何查看呢？同实体仓库一样，要想查看所有员工的姓名，只能在"员工"这个区域才能查到，因为员工的姓名存放在"员工"区域里面，而不能从"部门"区域或"工资级别"区域去查找。前面介绍过，在数据库里是用 SQL 语句来操作数据的，在本例中，如果要查询所有员工的姓名，就要使用 SQL 语句，具体的 SQL 语句如下。

```
select 员工姓名
from 员工;
```

"from"是"从"的意思，而"from 员工"意思是说从"员工"这个区域去查；"select"是"查询"的意思，而"select 员工姓名"意思是要查询的是员工姓名；整个语句的意思是从"员工"这个区域查询所有员工的姓名。

（5）在数据库中，把这个大区域叫作"表"，小区域叫作"列"，那么在本例的数据仓库中就有 3 个表，表名分别为：员工、部门、工资级别。在本例的员工表中，一共有 4 列，列名分别为员工姓名、员工工号、员工职位、入职日期。可以说数据库就是由若干个表（区域）组成的，而表是由若干列（小区域）组成的，SQL 语句其实就是操作表和列的过程。那么对于以上 SQL 的语法，就可以说，从员工表中查询列名为"员工姓名"的信息。

这里为了方便大家理解，把表名和列名都写成了中文，在实际工作中，数据库里的表名和列名应全部使用英文。

三 ┃ select、from 关键字的具体使用

当安装完 Oracle 11g 后，Oracle 11g 自带 3 个表——emp 表、dept 表和 salgrade 表。emp 表其实就是员工表，此表主要存放员工的详细信息，如员工姓名、员工工号等；dept 表其实就是部门表，此表存放的是部门的详细信息，如部门号、部门地址等；salgrade 表其实就是工资级别表，此表主要存放工资和工种级别等。这 3 个表均可供 SCOTT 用户使用。接下来就以 emp 表（员工表）为例演示 select、from 这两个关键字的使用方法。

如果需要查询员工的姓名（ename）和工资（sal），此时就需要用到 select、from 关键字，具体代码如下。

```
select ename,sal
from emp;
```

【SQL 语句分析】
- select 关键字后面跟要查询的列名，列名与列名之间用逗号隔开。
- from 关键字后面跟查询的表名，emp 代表的是员工表，以分号结束语句。

【SQL 语句运行结果】

```
ENAME      SAL
--------------------------------------------------------------
SMITH      800
ALLEN      1600
WARD       1250
JONES      2975
MARTIN     1250
BLAKE      2850
```

```
CLARK    2450

SCOTT    3000

KING     5000

TURNER   1500

ADAMS    1100

JAMES    950

FORD     3000

MILLER   1300
```

如果需要查询员工所有的信息，则在 select 关键字后面加 "*" 号即可，"*" 号代表所有的列，它与在 select 关键字后面列出所有的列名是一样的效果。

13.2.2　使用关键字 where 进行限制性查询

如果需要查询工资（sal）大于等于 1500 元的员工的姓名（ename）、职位（job）和工资（sal），那么此时除了要用到 select、from 关键字外，还需要用到 where 关键字，具体代码如下。

```
select ename,job,sal
from emp
where sal>=1500;
```

【SQL 语句分析】

● where 关键字后面加限制条件，限制条件为工资大于等于 1500 元，以分号结束语句。

【SQL 语句运行结果】

```
ENAME    JOB        SAL
--------------------------------------------------------------
ALLEN    SALESMAN   1600

JONES    MANAGER    2975

BLAKE    MANAGER    2850
```

```
CLARK    MANAGER    2450
SCOTT    ANALYST    3000
KING     PRESIDENT  5000
TURNER   SALESMAN   1500
FORD     ANALYST    3000
```

where 关键字后面可以写多个限制条件，当有多个限制条件时可以用 and 或 or 来连接，如 "where sal>=1500 and sal <=3000;"，它的限制条件是工资在 1500 元至 3000 元这个区间内。

13.2.3 使用关键字 order by 进行数据排序

如果要对查询出来的结果进行排序，就需要用到 order by 这两个关键字，具体代码如下。

```
select ename,job,sal
from emp
where sal>=1500 and sal<=3000
order by sal;
```

【SQL 语句分析】
- where 关键字后面使用了 and 运算符，"where sal>=1500 and sal<=3000" 的含义是查询 sal（工资）大于等于 1500 元但小于等于 3000 元的员工的信息。
- order by 的作用是排序，"order by sal" 的含义是对查询出来的工资从低到高进行排序（order by sal 后面是以分号结束的）。

【SQL 语句运行结果】

```
ENAME    JOB        SAL
----------------------------------------------------------------
TURNER   SALESMAN   1500
ALLEN    SALESMAN   1600
CLARK    MANAGER    2450
```

```
BLAKE    MANAGER    2850
JONES    MANAGER    2975
FORD     ANALYST    3000
SCOTT    ANALYST    3000
```

13.2.4　使用关键字 create table 新建表

数据库中的表不是天生就有的，这些表是需要创建的。创建表的时候需要用到 create table 这两个关键字，接下来就演示一个创建表的例子，例如创建一个信息表，该表主要用来存放员工的姓名和职位，具体代码如下。

```
create table message
( name varchar2(25),
job  varchar2(30));
```

【SQL 语句分析】

- 通过 create table 这两个关键字来创建表，表名为 message。
- 从以上创建的表可以看到，该表一共包含两列，其中一列的列名为 name，其数据类型为 varchar2 型，varchar2 代表的是字符型数据，向这一列插入数据时只能插入字符型的数据。varchar2(25) 的含义是每次向该列插入字符型数据时不能超过 25 个字符。
- 该表的另一列的列名为 job，其数据类型为 varchar2 型，也就是字符型，字符长度为 30。
- 列和列之间用逗号隔开，列的外面需要加上一对括号，并以分号结束语句。
- 代码输入完成后，按"Enter"键就可以将此表新建成功。

【SQL 语句运行结果】

表已创建。

当一个表被成功创建时，可以使用 desc 这个关键字来查看表的结构，直接执行"desc message;"语句即可查看。

13.2.5　使用关键字 insert 向表中增加数据

当把 message 表建好之后，这个表还是个空的，里面没有数据，此时可以使用 insert 关键字向表中增加数据，接下来演示一个向 message 表中增加一行数据的例子，具体代码如下。

```
insert into message(name,job)
values('张三', '软件测试');
```

【SQL 语句分析】

- 关键字 insert into 后面写表名，表后面写列名，并使用括号将列名括起来。
- 关键字 values 后面列出要插入的具体值，字符型数据要使用单引号括起来，插入的值用括号括起来，并以分号结束。

【SQL 语句运行结果】

已创建一行。

当数据插入成功后，就可以使用 select、from 关键字查询该表是否新增了一行数据，具体代码如下。

```
select *
from message;
```

【SQL 语句运行结果】

```
NAMEJOB
--------------------------------------------------------------------
张三 软件测试
```

13.2.6　使用关键字 update 更改表中的数据

如果想把 message 表中张三这个人的职位改成软件开发，此时就可以使用 update 关键字来完成，具体代码如下。

```
update message
set job = ' 软件开发 '
where name =' 张三 ';
```

【SQL 语句分析】

● 关键字 update 后面跟要修改数据的表名。

● 关键字 set 后面跟要修改的列以及列修改后的具体值。

● 第 3 行 SQL 语句使用关键字 where 来限制具体要更改哪个人的职位，注意使用单引号，并以分号结束。假如此表中有多条记录，如果不使用 where 条件进行限制，则会把所有人的职位都更新成软件开发，所以进行数据更改时要谨慎。

【SQL 语句运行结果】

已更新一行。

当数据更新成功后，就可以使用 select、from 关键字查询该表是否更新了这一条数据，具体代码如下。

```
select *
from message;
```

【SQL 语句运行结果】

```
NAME    JOB
-------------------------------------------------------------------
张三     软件开发
```

13.2.7　使用关键字 delete 删除表中的数据

如果想把 message 表中的有关张三的信息删除，此时可以使用 delete 关键字来完成，具体代码如下。

```
delete message
where name=' 张三 ';
```

【SQL 语句分析】

● 关键字 delete 后面跟要删除数据的表名。

● 第 2 行 SQL 语句使用关键字 where 来限制要删除的对象是姓名为张三的数据，注意使用单引号，并以分号结束。假如此表中有多条记录，如果不使用 where 条件进行限制，则会把这个表中所有的数据都删除掉，所以进行数据删除时要谨慎。

【SQL 语句运行结果】

```
已删除一行。
```

当数据删除成功后，就可以使用 select、from 关键字查询该表是否删除了张三的数据，具体代码如下。

```
select *
from message;
```

【SQL 语句运行结果】

```
未选定行。
```

由于该表只有一条数据，所以删除后系统提示了"未选定行"，如果该表有多条数据，那么该条数据删除后还会留有其他数据。

13.3　演示一个简单的存储过程

对初学者而言，可以把存储过程理解成一组 SQL 语句的集合，由于这组 SQL 语句可以完成某项特定功能，所以把这组 SQL 语句封装起来作为一个整体，然后存储在数据库中，当需要它来完成某项任务时，只需要调用该存储名或执行一些简单的命令就可以让这组 SQL 语句来执行相关操作。

存储过程在测试领域的应用较为广泛，由于初学者基础较为薄弱，在这里仅给大家演示一个简单的存储过程示例，具体步骤如下。

（1）新建一个名为 test 的表，具体代码如下。

```
create table test
(aa number(6),
 bb number(5));
```

【SQL 语句分析】

- 通过 create table 关键字创建一个名为 test 的表。
- 表中其中的一列列名为 aa，其数据类型为 number 型（数值型），长度为 6 位。
- 表中另一列的列名为 bb，其数据类型为 number 型（数值型），长度为 5 位。

【SQL 语句运行结果】

```
表已创建。
```

（2）如果想要向这个表中插入 100 条数据，那么就可以写一个存储过程来实现。在写存储过程之前，先来了解一下存储过程的基本语法，基本语法如下。

```
create or replace procedure 存储过程的名称 as
begin
sql 语句的集合
end 存储过程的名称 ;
```

【SQL 语句分析】

- 通过 create or replace procedure 命令创建一个存储过程并命名。
- 关键字 as 后面的部分就是存储过程的过程体，其中 begin 和 end 之间存放的就是

SQL 语句的集合，end 代表结束，并带上存储过程的名称。

（3）了解存储过程的语法结构后，就可以自定义一个存储过程，具体代码如下。

```
create or replace procedure testab as
begin
for i in 1..100 loop
insert into test(aa,bb) values(1,i);
end loop;
end testab;
/
```

【SQL 语句分析】

- 第 1 行 SQL 语句定义了一个名为 testab 的存储过程。
- begin 和 end testab 之间存放的是 SQL 语句的集合。
- 在 begin 和 end testab 语句之间定义了一个 for 循环，变量为 i，依次取 1 到 100 的值。
- 第 4 行 SQL 语句是向 test 表 aa、bb 这两列中插入数据，其中 aa 这一列的值始终是 1，bb 列的值随变量 i 变化而变化，而 i 取一次值就插入一行数据。
- end loop 语句代表 for 循环结束语。
- end testab 语句代表存储过程结束语。
- 存储过程写完后需要进行编译，编译通过后才能调用此存储过程，在这里输入"/"并按"Enter"键后，系统就开始编译此存储过程。

【SQL 语句运行结果】

```
过程已创建。
```

编译成功后将提示"过程已创建"，此提示代表存储过程创建成功，如果存储过程有问题时，则会警告"创建的过程带有编译错误"或是其他错误。

（4）存储过程创建成功后，就可以执行此存储过程，具体代码如下。

```
execute testab;
```

【SQL 语句分析】

● 直接使用 execute 命令，并在其后写上存储名就可以执行该存储过程。

【SQL 语句运行结果】

PL/SQL 过程已成功完成。

当系统提示"PL/SQL 过程已成功完成"，则表明存储过程执行成功。

（5）接下来查询 test 表，验证此表是否成功插入了 100 条数据，具体代码如下。

```
select *
from test;
```

【SQL 语句运行结果】

```
AA      BB
-------------------------------------------------------------------
1       91
1       92
1       93
1       94
1       95
1       96
1       97
1       98
1       99
1       100
```

查询的结果将会有 100 条数据，由于查询结果太长，这里只截取了最后 10 行数据。

13.4　本章小结

13.4.1　学习提醒

（1）初级软件测试人员对数据库的掌握主要表现在对数据库中的表进行增、删、改、查这 4 个方面。

（2）本章中所提到的 SQL 语句都非常简单，本书强烈建议初学者购买一本数据库入门的图书，用来作为自己必备的参考图书，并就 SQL 语句增、删、改、查这 4 个方面进行深入的学习和操作，待有了一定的基础后再去面试。

13.4.2　求职指导

一 | 本章面试常见问题

初级软件测试人员在面试的过程中，关于数据库的问题一般都会被问到，面试官一般会问："你都了解哪些数据库呢？"

参考回答：关于数据库这一块我主要了解的是 Oracle 数据库。

当你回答完以上问题，面试官会进一步追问你都了解 Oracle 数据库的哪些内容，这时你就可以将你知道的 SQL 语句全部告诉面试官。例如你可以说主要了解 Oracle 数据库的是 SQL 语句，像增、删、改、查之类的语句都比较熟悉。此时面试官可能还会继续追问其中的细节，大家依次回答就行。

二 | 面试技巧

关于数据库的面试题目一般有两种表现方式，一种是面试官直接问你对数据库的掌握程度，不限于 SQL 语句；另一种是笔试，如果有笔试的话，很可能会有 SQL 语句的题目，主要考察点还是表的增、删、改、查这 4 个方面的内容，大部分的 SQL 笔试题都涉及多表查询，这一块初学者尤其要注意，并多加练习。

附 录 求职简历制作与面试模拟考场问答

附录中以某位软件测试工程师为例，介绍制作求职简历的方法，并针对求职简历进行模拟问答。

一 | 求职简历制作

求职简历制作和面试问题的分析对初学者来说十分重要，面试的第一步就是制作求职简历，在这里，本书给出一个工作两年的软件测试工程师的求职简历，并以此简历为例进行分析，希望能对初学者有一些启发。

张三
男 25 岁 (1994 年 09 月) 2 年工作经验 大专 未婚
现居住地：××××|户口：××××|
学校地址：×××× 大学|专业：信息管理
手机：136×××××××××
E-mail：××××××××@qq.com

求职意向
期望工作地区：深圳
目前状况：处于离职状态，可立即上岗
期望从事职业：系统测试、Web 测试、功能测试
期望薪资：面议

自我评价
执着、坚定，坚信的事情不轻易放弃。

所在公司
2016.09—2018.09 ×××××××公司 （2 年）

项目经历 （一）
2017.10—2018.09 ×× 音乐网
软件环境：B/S PHP+Linux
项目描述：×× 音乐网是一个大型的音乐网站……会员可以上传自己创作的歌曲、翻唱的歌曲，以及提供伴奏，为用户提供音乐互动服务。

测试人数：功能测试人员 10 人（含自动化测试人员 3 人）、测试经理 1 人、性能测试 1 人、环境维护
　　　　　人员 1 人。

测试模块：×× 音乐网注册登录模块、×× 音乐网搜索模块、×× 音乐网实名认证模块、×× 音
　　　　　乐网歌曲上传模块。

责任描述：编写测试计划、设计测试用例、执行测试用例（用户注册登录模块、搜索模块、实名认证
　　　　　模块、歌曲上传模块）、提交 Bug 单、提交测试报告，以及参与各类文档的评审工作。

项目周期：11 个月，发布了两个版本。

项目经历（二）

2016.08—2017.09　　×× 电商网

软件环境：B/S　Java+Linux

项目描述：×× 电商网是一家平价电子商务平台……专注为消费者提供平价商品。

测试人数：功能测试人员 12 人（含自动化测试人员 4 人）、测试经理 1 人、性能测试 2 人、环境维护
　　　　　人员 2 人。

测试模块：购物车功能模块、我的订单模块、我的支付模块、我的售后模块。

责任描述：执行测试用例（购物车功能模块、我的订单模块、我的支付模块、我的售后模块）、提交
　　　　　Bug 单、提交测试报告，以及参与各类文档的评审工作。

项目周期：13 个月，发布了一个大版本以及多个小版本。

教育经历

2013.09 — 2016.07　　××××大学　　××××专业　　专科（自考）

语言能力

英语：三级，读写熟悉

专业技能

黑盒测试技术：

熟悉软件测试理论、流程、黑盒用例设计方法；能熟练地进行黑盒测试工作。熟悉软件测试计划、软
件测试用例、系统测试报告等测试文档。

测试管理工具：

熟练操作禅道系统基本使用流程及缺陷跟踪流程。

Web 自动化测试：

熟悉 Selenium WebDriver 的安装，对元素定位、Selenium WebDriver 方法的调用有一定了解。

接口测试：

熟悉 Postman 的基本应用，对接口文档、接口测试的基本流程、JSON、抓包工具、HTTP 协议交互的
过程都有一定了解。

Linux 操作系统：

熟练操作 Linux 常用命令行、vi 编辑器、用户管理、文件权限管理、备份管理、应用程序安装与管理
等命令操作。

Oracle 数据库：

熟练进行多表连接查询、单表联合查询、子查询、限制性查询及增、删、改、查等常用的 SQL 操作。

脚本语言：
熟悉 Python 面向对象的编程基础。

兴趣爱好
爬山、看书、唱歌。

二｜针对该简历的说明

（1）软件测试的简历模板并没有统一规定，大家可以上网搜索相应的简历模板。

（2）个人基本信息要简洁明了，不要长篇大论，把关键点写清楚就好，比如姓名、专业、联系方式、工作年限等。

（3）求职意向、目前状态、到岗时间以及期望的工作地区要明确，期望薪资写面议。

（4）很多初级软件测试人员在"自我评价"部分写很多内容，这个地方建议少写，一两句话即可，写多了都是空话，因为你的一言一行在面试的时候往往都能体现出来。

（5）面试官在面试的时候是根据简历提问的，所以简历上陈述的东西一定要非常清楚。

（6）注意项目中的时间点要连贯。例如你第一个项目结束的时间是 2017 年 9 月，那么第二个项目开始的时间就不要写成 2018 年 1 月，因为这期间有三个月的空档期。

（7）本简历的内容相对简洁明了，在"项目经历"中，大家可根据自己的优势和特点增删相关内容，在"专业技能"中，大家同样可根据自己的优势和特点增删相关内容。

三｜××音乐网项目中可能被问到的问题

（1）你所在的公司名和公司地址你需要很清楚。

（2）××音乐网是一个什么样的网站，它是用来做什么的，都有哪些功能，你要很清楚。

（3）××音乐网都包括哪些特殊的功能模块，你要清楚，既然你是测试这个网站的，都有哪些特殊模块你没有理由不清楚。

（4）××音乐网中测试人员有多少人，开发人员有多少人，这个要清楚，并在简历中体现。

（5）××音乐网是从什么时候开始开发的，项目周期是多长时间，应如实说明。这些信息在做这个项目的过程中都是可以了解到的，例如项目周期是一年。

（6）测试××音乐网一共写了多少个用例，你自己负责的模块写了多少个用例，一轮测试下来，发现多少个 Bug，在做这个项目过程中，都需要很清楚这些问题，而且要如实描述。比如你测试的这个网站一共有 5000 个用例，你自己所负责的模块写了 400 个用例，每一轮能够发现 20 个 Bug。

（7）你一天能写多少个用例？一般来讲正常情况下测试人员一天可写 30 ~ 50 个用例。

（8）在这个项目中发现的最有成就感的 Bug 是什么？这个问题比较重要，一般情况下说出一两个就可以了。例如可以说：我曾经在测试用户名和密码输入框时，发现在用户名和密码的输入框中输入超长字符后，应该不能登录成功的，居然正常登录系统了。

（9）与开发人员产生矛盾的时候你怎么处理？与领导意见不一致的时候，你怎么处理？解决问题的前提是不要激化矛盾，要注意自我检视。当与领导意见不一致时，一般情况下要遵循领导的意见，因为领导站的角度可能会更高一些。

（10）介绍一下你自己最熟悉的一个项目？或是谈谈你最熟悉的一个项目？

此问题十分重要，回答此问题的时候可以从几个方面去考虑：进入项目时项目的现状；在项目中你曾遇到了哪些问题；面对这些问题和现状你是怎么解决和推动的；在项目开展过程中，开发和测试之间存在什么样的问题；做完项目后有什么感受……有一点需要注意的是不要照着简历上面写的内容去背。

以本简历为例，你可以这么说：××音乐网是我最近做的一个项目，进入到项目组的时候功能测试人员有 7 个人左右，一个老员工会带我们一个新员工。项目初期，我发现了一个比较重要的问题，××音乐网所有的输入框内只要输入混合的超长字符串，页面就会报错了，可能之前他们没有重视一块。

项目中期，进行全面测试的时候，Bug 会变得更多，这就涉及跟开发人员沟通和相处的问题，不管是因为 Bug 还是其他问题，如果与开发人员产生了矛盾，还是要心平气和地去沟通，当然有点比较尴尬的事情是，开发人员讲出一大堆技术理论来解释为什么这个 Bug 不是一个有效 Bug 的时候，起初我们总是听不大懂，但是问题还是要提。项目整个测试的基本流程是，用例写完后评审，然后搭建环境执行用例，提交 Bug 单，回归测试，提交测试报告总结。在这个项目中，一共设计了 4000 多个用例，我自己负责的模块大概有 400 个用例。一个版本大概要测试四到五轮，一轮大概要测试七天左右，每轮测试结束，大概可以发现 20 个 Bug，整体测试时间一般在一个月左右，当然到后期 Bug 数量会相对减少。做完这个项目我最深的感受是，开发人员能把测试人员提出的问题当作自己的问题来解决，而测试人员也能把开发人员考虑的问题当作自己的问题来重视，大家的目标和思想比较统一，我想这是这个项目做得比较成功的关键因素。谢谢。

（11）你是怎么测试××音乐网的？这个是比较系统的问法，参考答案：我们测试××音乐网时，主要会从6个方面进行测试。一是外观界面测试，二是功能测试，三是易用性测试，四是兼容性测试，五是安全性测试，六是性能测试。但我本人负责的是功能模块的测试，这些模块包括××音乐网注册登录模块、××音乐网搜索模块、××音乐网实名认证模块、××音乐网歌曲上传模块。

（12）对方会继续问你功能测试是怎么做的，一般情况他会让你具体介绍其中一个功能模块是怎么测试的。这些功能模块是你写的功能模块（××音乐网注册登录模块、××音乐网搜索模块、××音乐网实名认证模块、××音乐网签到模块），那么这些模块的业务流程你要非常熟悉，以及该模块测试的侧重点也要非常熟悉，第6章已介绍了功能测试的用例设计方法和相关模块的用例设计实例，所以现在如果给到大家一个功能模块，在熟悉其业务流程的基础上，大家都应该能设计出相应的测试用例来。也就是说你在简历当中所写的功能模块是面试时的重点，在面试之前务必要将这些模块测试的重点熟记于心。

四 ┃ ××电商网项目可能被问到的问题

分析过程同第一个项目，在这里不再重复。

五 ┃ 专业技能方面的问题

本简历中的专业技能本书中都有介绍，对于这类问题的回答可以在本书中的"本章面试常见问题"里面找到参考回答。

六 ┃ 发散性的问题

发散性的问题指的不是那些"死板"的问题，要求面试者有一定的逻辑思维和联想能力，这部分问题在本书中的"本章面试常见问题"里列出了一部分，但更多的是需要面试者根据面试官所提到的问题进行灵活回答。

七 ┃ 公共性问题回答

（1）请做一下自我介绍。

参考回答 1：面试时的第一个问题通常就是进行自我介绍，此问题的回答相当重要，面试官会从这个问题中了解到你的沟通能力、自信心、真诚度、渴望度等相关信息，请初学者务必对"自我介绍"做好充分的准备。自我介绍一般可以分为 4 个部分，分别为你个人基本情况、工作经历及感受、职业规划、兴趣爱好。以本简历为例，进行自我介绍时，可以这么说，"你好，我叫张三，来自××，我是 2018 年 9 月离开深圳 ×× 公司的，我非常感谢这家公司曾给予我的机会，在此期间我一共做了两个项目，分别是 ×× 音乐网和 ×× 电商网的项目，这两个项目给我最深的感受有两点：一是测试人员要不断地学习新知识才能适应新技术的需要，二是作为一名测试人员要具有强烈的责任心才能把工作做好、做细。对于我个人的职业规划，我希望近一两年继续学习测试方面的技术，如自动化技术、接口测试技术等，未来三五年可以做一个部门主管。至于我个人的爱好，感觉自己比较喜欢看书、爬山，基本上就是这些，谢谢。

参考回答 2："你好，我叫张三，来自××，上一家公司是 ×× 公司，今天很高兴能见到你，希望今天的面试可以让你满意"。这是比较简洁的回答，在面试过程中也可以使用。

（2）你如何看待加班现象？

参考回答：这是十分重要的问题，面试官在问这个问题的时候，主要是考察你是否有付出的心态，并非问了这个问题就一定要你加班。你可以这样说，"加班的话，我并没有什么特别看法，加班一方面能推动项目的进展，另一方面也能提升自己的业务能力，所以加班对我来说问题不是很大，但同时我会提升工作效率以减少不必要的加班。"

（3）你为什么会离开上一家公司？

参考回答：这是十分重要的问题，千万不要说上一家公司的坏话。以本简历为例，你可以说非常感谢上一家公司曾给予你机会，离职主要是由于个人原因（然后把具体原因说出来，这个原因要真实自然，例如可以说，之前是在老家工作，现在深圳发展得比较快，所以想来深圳发展）。

（4）你本身并不是学软件测试这个专业的，为什么会选择做软件测试这个工作？

参考回答：我选择这个专业是因为自己的兴趣使然，我觉得测试工作是一项有挑战性的工作，因为可以通过各种测试技术去发现软件中的缺陷，这是一项探索性的工作，跟我的性格比较相符。另外，我觉得软件测试是一项很有前途的工作，因为越来越多的企业把软件质量放在了首位，而测试人员在其中扮演了重要的角色，其职位不可替代。

八 ┃ 如何克服紧张问题

（1）应试者在面试的时候之所以紧张，主要原因是担心对即将要被问到的问题不熟悉，因此在面试前，应试者应该熟知以上所提到的几类问题。在进行正式面试前，建议找同学、老师进行多次模拟面试，以找到自身的不足或需要改进的地方。尤其是"自我介绍"这个问题，这个问题是当头炮，如果自我介绍都介绍不清楚的话，就很难再继续下面的问题了，所以应试者应当事先把要自我介绍的内容写清楚，然后不断地训练自己。

（2）在初次面试的时候，应试者紧张是很难避免的，但紧张分为两种，第一种是漫无目的的紧张，第二种是真诚的紧张，而面试官看得出来你是没有准备的紧张还是因为你准备了而自然流露出来的紧张。

（3）关于气场的问题，很多应试者在没有面试之前，能量很强，有 100 分的能量，但一看到面试官后心里就紧张，觉得面试官是主宰自己的人，心里不免高度紧张，从而导致自身的能量会急剧减少，减少到五六十分。五六十分是不及格的能量，但你要想成功面试的话，至少要有 80 分甚至更高的分数。在这里我想说的是：在事先准备时，你至少要让自己拥有 150 分的能量，即便面试官有气场，你的能量可能会减少到 100 分，但 100 分就够了，至少你已经有了同别人竞争的机会。